國防部
部務會報紀錄
（1946-1948）

【上冊】

Ministry Meeting Minutes,
Ministry of National Defense, 1946-1948

- Section I -

陳佑慎　主編

導讀

陳佑慎　國家軍事博物館籌備處史政員
國防大學通識教育中心兼任教師

一、前言

　　1946 至 1949 年間，中國大陸 900 餘萬平方公里土地之上，戰雲籠罩，兵禍連結，赤焰蔓延，4 百餘萬（高峰時期數字）國軍部隊正在為中華民國政府的存續而戰。期間，調度政府預算十分之七以上，指揮大軍的總樞——中華民國國防部，以 3 千餘名軍官佐的人員規模（不含兵士及其他勤務人員），辦公廳舍座落於面積 2.3 公頃的南京原中央陸軍軍官學校建築群。[1]這一小片土地上的人與事，雖不能代表全國數萬萬同胞的苦難命運，卻足以作為後世研究者全局俯瞰動盪歲月的切入視角。

　　如果研究者想以「週」作為時間尺度，一窺國防部 3 千餘軍官佐的人與事，那麼，本次出版的國防部「部務會報」、「參謀會報」、「作戰會報」紀錄無疑是十分有用的史料。國防部是一個組織複雜的機構，當時剛剛仿效美軍的指揮參謀模式，成立了第一廳（人事）、第二廳（情報）、第三廳（作戰）、第四廳（後勤）、

1　關於國防部成立初期的歷史圖景，參閱拙著《國防部：籌建與早期運作（1946-1950）》（臺北：民國歷史文化學社，2019）相關內容。

第五廳（編訓）、第六廳（研究與發展）等所謂「一般參謀」（general staff）單位，以及新聞局、民事局（二者後併為政工局）、監察局、兵役局、保安局、測量局、史政局等所謂「特業參謀」（special staff）單位。上述各廳各局的參謀軍官群體，平時為了研擬行動方案，討論行動方案實施辦法，頻繁召開例行性的會議。本系列收錄的內容，就是他們留下的會議紀錄。

國防部也是行政院新成立的機關，接收了抗日戰爭時期國民政府軍事委員會、行政院軍政部的業務。過去，民國歷史文化學社曾經整理出版《抗戰勝利後軍事委員會聯合業務會議會報紀錄》、《軍政部部務會報紀錄（1945-1946）》等資料。它們連同本次出版的國防部部務會報、參謀會報、作戰會報，都是國軍參謀軍官群體研擬行動方案、討論行動方案實施辦法所留下的足跡，反映抗日戰爭、國共戰爭不同階段的時空背景。讀者如有興趣，可以細細體會它們的機構性質，以及面臨的時代課題之異同。

國防部的運作，在 1949 年產生了劇烈的變化。1948 年 12 月起，由於國軍對共作戰已陷嚴重不利態勢，國防部開始著手機構本身的「轉進」。這個轉進過程，途經廣州、重慶、成都，最終於 1949 年 12 月底落腳臺灣臺北；代價是過程中國防部已無法正常辦公，人員絕大多數散失，設備僅只電台、機密電本、檔案等重要公物尚能勉強運出。也因此，本系列收錄的內容，多數集中在 1948 年底以前。至於機構近乎完全解體、百廢待舉的國防部，如何在 1950 年的臺灣成功東山再

起？那又是另一段波濤起伏的故事了。

二、國防部會報機制的形成過程

在介紹國防部部務會報、參謀會報、作戰會報的內容以前，應該先回顧這些會報的形成經過，乃至於國軍採行這種模式的源由。原來，經過長時間的發展，大約在 1930 年代，國軍為因應高級機關特有的業務龐雜、文書程序繁複、指揮鈍重等現象，逐漸建立了每週、每日或數日由主官集合各單位主管召開例行性會議的機制，便於各單位主管當面互相通報彼此應聯繫事項，讓主官當場作出裁決，此即所謂的會報。這些會報，較之一般所說的會議，更為強調經常性的溝通、協調功能。若有需要，高級機關可能每日舉行 1 至 2 次，每次 10 到 15 分鐘亦可。[2]

例如，抗日戰爭、國共戰爭期間，國軍最高統帥蔣介石每日或每數日親自主持「官邸會報」，當場裁決了許多國軍戰守大計，頗為重要。可惜，該會報的原始史料目前僅見抗戰爆發前夕、抗戰初期零星數則。[3] 曾經擔任軍事委員會軍令部第一廳參謀、國防部第三廳（作戰廳）廳長，參加無數次官邸會報的許朗軒，在日後生動地回憶會報的進行方式，略云：

2　「會議會報調整辦法」，〈軍事委員會最高幕僚會議案（二十九年）〉，《國軍檔案》，檔號：29 003.1/3750.5。

3　抗戰時期官邸會報的運作模式，蘇聖雄已進行過分析，參見蘇聖雄，《戰爭中的軍事委員會：蔣中正的參謀組織與中日徐州會戰》（臺北：元華文創，2018），頁 68-83。國共戰爭時期及其後的官邸會報情形，參見陳佑慎，《國防部：籌建與早期運作（1946-1950）》，頁 129-138。

作戰簡報約於每日清晨五時在（蔣介石官邸）兵棋室舉行。室內四周牆壁上，滿掛著覆有透明紙的的大比例尺地圖。在蔣公入座以前，參謀群人員必須提早到達，各就崗位，進行必要準備。譬如有的人在透明紙上，用紅藍色筆標示敵我戰鬥位置、作戰路線以及重要目標等……。一陣緊張忙碌之後，現場暫時沉寂下來，並顯出幾分肅穆的氣氛。斯時蔣公進入兵棋室，行禮如儀後，簡報隨即開始。先由參謀一人或由主管科長，提出口頭報告，對於有敵情的戰區，如大會戰或激烈戰鬥正在進行的情形，作詳細說明，其他無敵情的戰區則從略。蔣公於聽取報告後，針對有疑問的地方，提出質問，此時則由報告者或其他與會人員再做補充說明。或有人提出新問題，引起討論，如此反覆進行，直到所有問題均獲得意見一致為止。最後蔣公則基於自己內心思考、分析與推斷，在作總結時，或採用參謀群提報之行動方案，或對其行動方案略加修正，或另設想新戰機之可能出現，則指示參謀群進行研判，試擬新的行動方案。簡報進行至此，與會人員如無其他意見，即可散會。此項簡報，大約在早餐之前，即舉行完畢。[4]

　　蔣介石在官邸會報採用、修正或指示重新研擬的行動方案，必須交由軍事委員會各部或其他高級機關具體辦理。反過來說，軍事委員會各部或其他高級機關也可

4　許承璽，《帷幄長才許朗軒》（臺北：黎明文化，2007），頁48-49。

能主動研擬另外的行動方案，再次提出於官邸會報。
而軍事委員會各部與其他高級機關不論是執行、抑或研
擬行動方案，同樣得依靠會報機制。例如，抗日戰爭
期間，軍事委員會參謀總長何應欽親自主持「作戰會
報」，源起於1937年8月軍事委員會改組為陸海空軍
大本營（後取消，仍維持以軍事委員會為國軍最高統帥
部），而機構與組織仍概同各國平時機構，未能適合戰
時要求，遂特設該會報解決作戰事項。軍事委員會作戰
會報的原始紀錄，一部分收入檔案管理局典藏《國軍檔
案》中，有興趣的讀者不妨一讀。

再如，前面提到，民國歷史文化學社業已整理出版
的《抗戰勝利後軍事委員會聯合業務會議會報紀錄》，
則是抗日戰爭結束之初的產物。當時，蔣介石親自主
持的官邸會報照常舉行，依舊為國軍最高決策中樞；
軍事委員會的作戰會報，因對日作戰結束，改稱「軍
事會報」，仍由參謀總長或其它主要官長主持，聚焦
「綏靖」業務（實即對共作戰準備）；軍事委員會別設
「聯合業務會報」（1945年10月15日前稱聯合業務
會議），亦由參謀總長或其它主要官長主持，聚焦軍事
行政及一般業務。[5] 以上所舉會報實例，決策了許多國
軍重大政策方針。至於民國歷史文化學社另外整理出版
的《軍政部部務會報紀錄（1945-1946）》，讀者則可
一窺更具體的整軍、接收、復員、裝備、軍需、兵工、

5　陳佑慎主編，《抗戰勝利後軍事委員會聯合業務會議會報紀錄》
　　（臺北：民國歷史文化學社，2020），導讀部分。

軍醫等業務的動態執行過程。[6]

及至 1946 年 6 月 1 日，國民政府軍事委員會、軍事委員會所屬各部，以及行政院所屬之軍政部，均告撤銷，業務由新成立的行政院國防部接收辦理。這是國軍建軍史上的一次重大制度變革。因此，除去官邸會報不受影響以外，其餘軍事委員會聯合業務會報、軍事委員會軍事會報、軍政部部務會報都不再召開，代之以新的國防部部務會報、參謀會報、作戰會報。國防部部務會報由國防部長主持，參謀會報與作戰會報由新制的國防部參謀總長（職權和舊制軍事委員會參謀總長大不相同）主持。前揭三個會報的紀錄，構成了本系列的主要內容。

事實上，國軍高級機關在大陸時期經常舉行會報的作法，延續到了今天的臺灣，包括筆者所供職的臺北大直國防部。儘管，隨著時間發展、軍事制度調整，國軍各種會報的名稱持續出現變化。再加上歷任主事者行事風格的差異，各種會報不論召開頻率、會議形式、實際功效等方面，都不能一概而論。不過，會報機制帶有的經常召開性質，可供各單位主管當面互相通報彼此應聯繫事項、再由主官當場裁決的功能，大致始終如一。也因此，對研究者來說，只要把梳某一機關的會報紀錄，就能在很大程度上綜覽該機關的業務，並且可以每週、數日為時間尺度，勾勒這些業務如何因時應勢地執行。

6　陳佑慎主編，《軍政部部務會報紀錄（1945-1946）》（臺北：民國歷史文化學社，2021），導讀部分。

三、國防部部務、參謀、作戰會報的實施情形

本次整理出版的國防部部務會報、參謀會報、作戰會報，具體的實施情形為何呢？1948 年 6 月 9 日，國防部第三廳（作戰廳）廳長羅澤闓曾經歸納指出：部務會報與部本部會報（部本部會報紀錄本系列並未收錄，後詳）「專討論有關軍政業務」，作戰會報「專討論有關軍令業務」，參謀會報「專討論軍令軍政互相聯繫事宜」。[7]

如果讀者閱讀羅澤闓的歸納後，仍然感到困惑，其實並不會讓人覺得詫異。1946 年 8 月，空軍總司令周至柔在參加了幾次國防部不同的會報後，同樣抱怨「本部（國防部）各種會報，根據實施情形研究，幾無分別」，要求「嚴格區分性質，規定討論範圍」（部務會報紀錄，1946 年 8 月 17 日）。問題歸根究底，國軍各種會報大多是在漫長時間逐漸形成的產物，實施情形也常呈現混亂結果。而就國防部各種會報來說，真正一眼可判的分別，並非會議的討論議題範圍，其實是參與人員的差異。

各種會報參與人員的差異，直接受到機關主官職權、組織架構的影響。1946 年 6 月 1 日成立的國防部，對比她的前身國民政府軍事委員會，主官職權與組織架構均有極大的不同。軍事委員會以委員長為首長，委員長總攬軍事委員會一切職權。反之，國防部在成立初期

7　「第三廳廳長羅澤闓對國防部業務處理要則之意見」（1948 年 6 月 9 日），〈國防部及所屬單位組織職掌編制案〉，《國軍檔案》，檔號：581.1/6015.9。

階段，雖然國防部長地位稍高於國防部參謀總長（以下簡稱參謀總長，不另註明），但實質上國防部長、參謀總長兩人都可目為國防部的首長。國防部長向行政院長負責，執掌所謂「軍政」。參謀總長直接向國家元首（先後為國民政府主席、總統）負責，執掌所謂「軍令」。時人有謂「總長不小於部長，不大於部長，亦不等於部長」，[8] 語雖戲謔，卻堪玩味。

　　國防部長本著「軍政」職權，主持國防部「部本部」的工作，平日公務可透過「部本部會報」解決。參謀總長本著「軍令」職權，主持國防部「參謀本部」的工作，平日公務可透過「參謀會報」、「作戰會報」解決。原則上部本部人員不參加參謀會報、作戰會報，參謀本部人員不參加部本部會報。部本部與參謀本部倘若遇到必須聯繫協調事項，則透過國防部長主持的「部務會報」解決。（部務會報紀錄，1946 年 8 月 17 日、1947 年 4 月 12 日）

　　至於所謂「軍政」、「軍令」的具體分野為何？或者更確切地說，部本部、參謀本部的業務劃分究竟如何？國防部長和參謀總長的職權關係係究竟如何？這些問題，從 1946 年起，迄 2002 年國防二法實施「軍政軍令一元化」制度以前，長年困擾我國朝野，本文無法繼續詳談。不過，至少在本系列聚焦的 1946 至 1949 年範

8　「立法委員對本部組織法內容批評之解釋」（1948 年 3 月），〈國防部及所屬單位組織職掌編制案〉，《國軍檔案》，檔號：581.1/6015.9；「抄國防部組織法審核報告」，〈國防部組織法資料彙輯〉，《國軍檔案》，檔號：581.1/6015.10。

圍內，參謀總長主持的參謀本部實質上才是國防部主
體，國防部長直屬的部本部則編制小，職權難伸，形
同虛設。[9] 1948 年 7 月 1 日，部長辦公室主任華振麟甚
至在部本部會報上提出：部本部「決策與重要報告不
多」，部本部會報可從每週舉行一次改為每兩週舉行一
次。當時的國防部長何應欽，即席表示同意。[10] 此一部
本部會報紀錄，本系列並未收錄。

　　相較於部本部會報「決策與重要報告不多」，由參
謀總長主持，召集參謀本部各單位參加的參謀會報與作
戰會報，就顯得忙碌而緊張了。國防部成立之初，原訂
每星期召開兩次參謀會報，不久改為每星期召開各 1 次
的參謀會報與作戰會報（參謀會報紀錄，1946 年 6 月
25 日）。兩個會報的主持人員、進行方式大抵類同，
主要差別在於作戰會報專注於作戰方面，而參謀會報除
了不涉實際作戰指揮外，基本上含括了人事、情報、後
勤、編制、科學科技研究、政工、監察、民事、軍法、
預算、役政、測繪、史政等項（是的，包含史政在內，
在當時，參謀本部實際負責了國防部絕大部分業務）。

　　軍令急如星火，軍情瞬息萬變，蔣介石及其他國軍
高層面對國防部的各種會報，事實上是較為重視作戰
會報。1947 年 11 月，國防部一度研議，將作戰會報移
至蔣介石官邸舉行（作戰會報紀錄，1947 年 11 月 17

9　「袁同疇上何應欽呈」（1948 年 6 月 18 日），〈國防部及所屬
　　單位職掌編制案〉，《國軍檔案》，檔號：581.1/6015.9。
10　「國防部部本部會報紀錄」（1948 年 7 月 1 日），〈國防部部本
　　部會報案〉，《國軍檔案》，檔號：003.9/6015.5。

日）。而自同年 12 月起，至翌年 3 月初，蔣介石本人不僅親自赴國防部主持作戰會報，且每週進行 2 次，較國防部原訂的每週 1 次更為頻繁。饒富意味地，在這段時間，蔣氏在日記常留下主持國防部「部務」的說法，例如 1947 年 12 月 13 日記曰：「到國防部部務會議主持始終，至十三時後方畢；自信持之以恆，必有成效也」，1948 年 1 月 22 日記曰：「國防部會議自覺過嚴，責備太厲，以致部員畏懼，此非所宜」等。[11] 筆者比對日記與會議紀錄時間後，確信蔣氏所謂的「部務會議」並非指國防部的部務會報，實指作戰會報。

　　1948 年 9 月底，蔣介石復邀請美國軍事顧問團團長巴大維（David Goodwin Barr）出席國防部作戰會報。巴大維表示同意，並實際參加了會議。然而，短短一年不到，1949 年 8 月，美國國務院發表《中美關係白皮書》（*United States Relations with China: With Special Reference to the Period 1944-1949*），竟以洋洋灑灑以數十頁篇幅，披露巴大維參加國防部作戰會報的細節。美國之所以如此，出於當時國共戰爭天秤已傾斜中共一方，國務院亟欲透過會議紀錄強調：巴大維的戰略戰術建議多未得蔣氏採納，國軍的不利處境應由中方自負其責。[12]

　　另應一提的是，國防部作戰會報專討論軍令事務，本係參謀總長的職責，故應由參謀總長主持。這個原則，

---

11 《蔣介石日記》，未刊本，1947 年 12 月 13 日、1948 年 1 月 22 日。另見 1948 年 1 月 24、31 日，1 月反省錄，2 月 2 日等處。

12 United States. Dept. of State ed., *United States Relations with China: With Special Reference to the Period 1944-1949* (St. Clair Shores, Mich.: Scholarly Press, 1971), pp. 274-332.

在 1948 年逐漸鬆動了。是年 3、4 月間，蔣介石曾多次委
請白崇禧以國防部長身份主持作戰會報。不久之後，何
應欽繼任國防部長職，也有多次主持作戰會報的紀錄。

　　不過，國防部長開始主持作戰會報的情形，基本上
是屬於人治的現象，並非意味參謀總長執掌軍令的制度
已遭揚棄。1948 年 12 月 22 日，徐永昌繼任國防部長
職。翌年 2 月 9 日，參謀次長林蔚因參謀總長顧祝同赴
上海視察，遂請徐永昌主持作戰會報。徐永昌允之，卻
感「本不應出席此會」。[13]

四、國防部部務、參謀、作戰會報紀錄的史料價值

　　以上，說明了國防部部務會報、參謀會報、作戰會
報的大致參加人員與實施情形，當中又以作戰會報攸關
軍情，備受蔣介石及其他國軍高層重視。如果研究者能
夠同時參考官邸會報（因缺少紀錄原件，僅能運用側面
資料）、國防部各個會報、國防部其他非例行性會議的
紀錄，再加上其他史料，可以很立體地還原國軍諸多重
大決策過程。這些決策過程的基本輪廓，即為國防部各
個會報根據蔣介石指示、官邸會報結論等既定方針，
討論具體實行辦法，或者反過來決議向蔣氏提出修正
意見。

　　例如，1946 年 7 月 5 日，國防部作戰會報討論「主
席（國民政府主席蔣介石）手令指示將裝甲旅改為快

---

13 徐永昌撰，中央研究院近代史研究所編，《徐永昌日記》（臺北：
　　中央研究院近代史研究所，1990-1991），第 9 冊，頁 230，1949
　　年 2 月 9 日條。

速部隊」一案，決議「查各該部隊大部已編成，如再變更，影響甚大。似可維持原計畫辦理，一面在官邸會報面報主席裁決」（作戰會報紀錄，1946 年 7 月 6 日）。再如，濟南戰役期間，1948 年 9 月 15 日，國防部作戰會報根據蔣介石增兵濟南城的指示，[14] 具體研議「空運濟南兵員、械彈及糧服，應按緊急先後次序火速趕運」。22 日（按：隔天濟南城陷），復討論「空投濟南之火焰放射器，應簽請總統核示後再行決定」等問題（作戰會報紀錄，1948 年 9 月 15、22 日）。

又如，1948 年 11 月上旬，國軍黃百韜兵團 6 萬餘官兵，連同原第九綏靖區撤退之軍民 5 萬餘人，於碾莊地區遭到共軍分割包圍，[15] 揭開了徐蚌會戰的慘烈序戰。11 月 10 日上午，蔣介石召開官邸會報，決定會戰大計，裁示徐州地區國軍應本內線作戰方針，黃百韜兵團留碾莊固守待援，邱清泉等兵團向東轉移，先擊破運河西岸共軍陳毅部主力。[16] 同日下午，國防部便續開作戰會報，討論較具體的各種措施，含括參謀次長李及蘭力主繼續抽調華中剿匪總司令部所屬張淦兵團增援徐州（而不是僅僅抽調黃維兵團東援）、國防部長何應欽裁示「徐州糧食應作充分儲備，並即撥現洋，就地徵購，

14 《蔣介石日記》，未刊本，1948 年 8 月 26 日、9 月 11 日、9 月 15 日等處。
15 「黃百韜致蔣中正電」（1948 年 11 月 12 日），《蔣中正總統文物》，國史館藏，典藏號：002-090300-00193-114。
16 《蔣介石日記》，未刊本，1948 年 11 月 10 日；杜聿明，〈淮海戰役始末〉，中國人民政治協商會議全國委員會文史資料研究委員會編，《淮海戰役親歷記》（北京：文史資料出版社，1983），頁 12-14。

能購多少算多少」等（作戰會報紀錄，1948年11月10日）。[17]

其後，國軍各兵團在徐蚌戰場很快陷入絕境。11月25日，國防部作戰會報研討黃維兵團被圍、徐州危局等問題，決議繼續空投或空運糧彈，[18]但可能已經爭論徐州應否放棄。28日，徐州剿匪副總司令杜聿明自前線飛返南京，參加官邸會報。官邸會報上，蔣終於拍板決定撤守徐州，各兵團向南戰略轉進。會報進行過程中，杜因「疑參謀部（按：指參謀本部）有間諜洩漏機密」，不肯於會議上陳述腹案，改單獨向蔣報告並請示。[19]隨後，杜飛返防地，著手依計畫指揮各兵團轉進，惟進展仍不順利。12月1日，國防部再開作戰會報，遂決議「空軍應盡量使用燒夷殺傷彈，對戰場障礙村落尤須徹底炸毀，並與前方指揮官切實聯繫，集中重點轟炸」。[20]

關於國防部作戰會報呈現的作戰動態過程，本文限於篇幅不能再多舉例，有興趣的讀者可自行繼續發掘。「軍以戰為主，戰以勝為先」，這部分的內容如果較吸引人們重視，是極其自然之事。不過，我們也不應忽

17 「薛岳上蔣中正呈」（1948年11月11日），《蔣中正總統文物》，國史館藏，典藏號：002-080200-00545-060。

18 另參見「國防部作戰會報裁決事項」（1948年11月25日），《蔣中正總統文物》，國史館藏，典藏號：002-080200-00337-065。

19 《蔣介石日記》，未刊本，1948年11月28日。

20 United States. Dept. of State ed., *United States Relations with China: With Special Reference to the Period 1944-1949*, pp. 334-335；「國防部作戰會報裁決事項」（1948年11月25日、12月1日），《蔣中正總統文物》，國史館藏，典藏號：002-080200-00337-065。

略，國防部本質上也是一個龐大的官僚機構。1948 年 3 月，國防部政工局局長鄧文儀向蔣介石批評：「國防部之工作，重於軍政部門，（國防部）主管編制、人事、預算者似乎可以支配一切事務」，「國防部除作戰指揮命令尚能迅速下達外，其他行政業務猶未盡脫官僚習氣。辦理一件重要公文，如需會稿，常一月不能發出，甚至有遲至三月者」。[21] 鄧文儀的說法即令未盡客觀，卻足以提醒研究者：應多加留意情報、作戰以外的參謀軍官群體及其業務。

例如，1946 年 6 月 11 日，國防部召開第一次參謀會報，代理主持會議的國防部次長林蔚（參謀總長陳誠因公未到）便指示：「下週部務會報討論中心，指定如次：1. 官兵待遇調整案：由聯合勤務總部準備有關資料及調整方案，以便部長決定向行政院提出。2. 軍隊復員情形應提出報告，由第五廳準備……」（參謀會報紀錄，1946 年 6 月 11 日）。以後，這些議題還要持續佔用部務會報、參謀會報相當多的篇幅。

又如，1947 年 12 月 22 日，國防部召開部務會報，席間第二廳（情報廳）副廳長曹士澂提出：「新訂之文書手冊，規定自明年一月一日起實施，本廳已請副官處派員擔任講習。關於所需公文箱、卡片等件，聞由聯勤總部補給。現時期迫切，該項物品尚未辦妥，是否延期實施？」副官處處長陳春霖隨即回應：「公文用品除各

---

21 「鄧文儀上蔣中正呈」（1948 年 3 月 12 日），《蔣中正總統文物》，國史館藏，典藏號：002-080102-00043-020。

總部規定自辦者外，國防部所屬各單位由聯勤總部補給。此項預算已批准，即可印製，不必延期」（部務會報紀錄，1947 年 12 月 22 日）。

　　前面說的「副官處」，為國防部新設單位，職掌是人事資料管理，以及檔案、軍郵、勤務、收發工作等，正在美國軍事顧問協助下，主持推動軍用文書改革與建立國軍檔案制度。他們首先著手調整「等因奉此」之類的文書套語，並將過去層層轉令的文件改由國防部集中複製發佈。當時服役軍中的作家王鼎鈞，日後回憶說：「那時國防部已完成軍中的公文改革，廢除傳統的框架、腔調和套語，採用白話一調一條寫出來，倘有圖表或大量敘述，列為附件。國防部把公文分成幾個等級，某一級公文遍發每某一層級的單位，不再一層一層轉下去。我們可以直接收到國防部或聯勤總部的宣示，鉛印精美，套著紅色大印，上下距離驟然拉近了許多」。[22]

　　無可諱言地，不論是軍用文書改革、官兵待遇調整，抑或部隊復員等案，最終都因為 1949 年國軍戰情急轉直下，局勢不穩，不能得致較良好的成績。類似的案例還有很多，它們多數未得實現，遂為多數世人所遺忘。但即使如此，這類行動方案涵蓋人事、後勤、編制、科學科技研究、政工、監察、民事、軍法、預算、役政、測繪、史政等。凡國防部職掌業務有關者，俱在其中。它們無疑仍是戰後中國軍事史圖景不可或缺的一角，而國防部的部務會報、參謀會報紀錄恰可作為探討

22 王鼎鈞，《關山奪路》（臺北：爾雅出版社，2005），頁 240。

相關議題的重要資料。

五、小結

對無數的研究者來說，中華民國政府為什麼在1949年「失去大陸」，數百萬國軍為什麼在國共戰爭中遭逢空前未有的慘烈挫敗，是日以繼夜嘗試解答的問題。這個問題太過巨大，永遠不會有單一的答案，也不會有單一的提問方向。但難以否認地，國軍最高統帥蔣介石連同其麾下參謀軍官群體扮演的角色，勢必會是研究者的聚焦點。

本系列的史料價值，就在於提供研究者較全面的視野，檢視蔣介石麾下參謀軍官群體如何以集體的形式發揮作用（而且不僅僅於此）。本質上，所有軍隊統帥機構的運作，都是集結眾人智力的結果。即便是蔣氏這樣事必躬親、宵旰勞瘁處理軍務的所謂「軍事強人」領袖，他所拍板的決定，除了若干緊急措置外，不知還要多少參謀軍官手忙腳亂，耗費精力，始能付諸實行。例如，蔣氏若決心發起某方面的大兵團攻擊，國防部第二廳就要著手準備敵情判斷，第三廳必須擬出攻擊計畫，第四廳和聯勤總部則得籌措糧秣補給、彈藥集積。而參謀軍官群體執行工作所留下的足跡，很大部分便呈現在各個會報紀錄的字裡行間之內。

誠然，另一批讀者可能還聽過以下的說法：當時國軍的運作，「個人（蔣介石）集權，機構（軍事委員會、國防部）無權」。畢竟蔣介石時常僅僅透過侍從參謀（如軍事委員會委員長侍從室、國民政府軍務

局等）的輔助，繞過了國防部，逕以口頭、電話、手令向前線指揮官傳遞命令，[23] 事後才通知國防部。更何況，即使是前文反覆提到的官邸會報，由於蔣氏以國家元首之尊親自裁決軍務，仍可能因此閒置了國防部長、參謀總長的角色，同樣是反映了蔣氏「個人集權」的統御風格。

1945 至 1948 年間（恰恰與本系列的時間斷限重疊）擔任外交部長的王世杰，曾經形容說「國防部實際上全由蔣（介石）先生負責」。[24] 不惟如是，筆者在前文也花上了一點篇幅，描繪蔣氏如何親自過問國防部的機構運轉，聲稱自己「部務會議主持始終」。[25] 這裡所謂部務會議，不是指本系列收錄的部務會報，而是指本系列同樣有收錄的作戰會報。部務會報也好，作戰會報也罷，蔣介石是國防部「部務」的真正決策者，似乎是難以質疑的結論。

儘管如此，筆者仍要強調，所謂「機構無權」、「實際上全由蔣（介石）先生負責」云云，指的都是機構首長（國防部長、參謀總長）缺乏決定權，而不是指機構（國防）運作陷入了空轉。研究者不應忽略了參謀軍官群體的作用。蔣介石主持官邸會報，參加者大多

23 例見《蔣介石日記》，未刊本，1947 年 1 月 28 日。並參見陳存恭訪問紀錄，《徐啟明先生訪問紀錄》（臺北：中央研究院近代史研究所，1983），頁 139-140；陳長捷，〈天津抗拒人民解放戰爭的回憶〉，全國政協文史資料委員會編，《文史資料選輯》，總第 13 輯（北京：中國文史出版社，1961），頁 28。

24 王世杰，《王世杰日記》（臺北：中央研究院近代史研究所，1990），第 6 冊，頁 163，1948 年 1 月 25 日條。

25 《蔣介石日記》，未刊本，1947 年 12 月 13 日。

數是國防部的參謀軍官群體。蔣介石不論作成什麼樣的
判斷，大部分還是根據國防部第二廳、第三廳所提報的
資料，再加上參謀總長、次長的綜合分析與建議。蔣介
石對參謀軍官群體的各種擬案，可以採用、否決或要求
修正，但在多數情形下依舊離不開原來的擬案。[26]

　　參謀軍官群體研擬的行動方案、對於各種方案的意
見、執行各種方案所得的反饋內容，數量龐大，散佈於
各種檔案文件、日記、回憶錄、訪談錄等史料中，值得
研究者持續尋索。但顯而易見地，本系列提及的各種會
報，是參謀軍官群體研擬方案、研提意見、向層峰反饋
工作成果的重要平台，它們的會議紀錄則是相對集中且
易於使用之史料，值得研究者抱以特別的重視。

　　當前，國共戰爭的烽煙已經遠離，國軍也不復由蔣
介石這樣的軍事強人統領。然而，國共戰爭的影響並未
完全散去，國防部也依舊持續執行它的使命。各國參謀
軍官群體的重要性，更隨著現代戰爭朝向科技化、總
體戰爭化的發展，顯得與日俱增。值此亞太局勢風雲詭
譎、歐陸烏俄戰火燎原延燒之際，筆者撫今追昔，益感
國事、軍事之複雜。謹盼研究者利用本系列內容，並參
照其他史料，綜合考量其他國內外因素，適切理解相關
機制在軍事史上的脈絡，定能更深入地探析近代中國軍
事、政治史事的發展。

---

26 許承璧，《帷幄長才許朗軒》，頁 107-108。

編輯凡例

一、 本書依照開會日期排序錄入。

二、 為便利閱讀，部分罕用字、簡字、通同字，在不影響文意下，改以現行字標示，恕不一一標注。

三、 本書史料內容，為保留原樣，維持原「奸」、「匪」、「偽」等用語。

目錄

第一次部務會報紀錄

時　　間：三十五年六月十七日下午四時至七時

地　　點：國防部會議室

出席人員：國防次長　　　林　蔚　劉士毅

　　　　　參謀次長　　　劉　斐　郭　懺　范漢傑

　　　　　海軍總部　　　周憲章

　　　　　聯合勤務總部　黃鎮球　端木傑

　　　　　總長辦公室　　周彭賞

　　　　　中訓團　　　　黃　杰（張言傳代）

　　　　　各廳局長　　　錢卓倫　鄭介民（龔　愚代）

　　　　　　　　　　　　張秉均　趙一肩（王金科代）

　　　　　　　　　　　　方　天　錢昌祚

　　　　　　　　　　　　鄧文儀　余正東

　　　　　　　　　　　　趙志垚（紀萬德代）

　　　　　　　　　　　　杜心如　吳　石

　　　　　　　　　　　　徐思平　晏勳甫

列席人員：原軍政部　　　趙學淵　劉召東

主　　席：部長

紀　　錄：張一為　陳　光

會報經過

壹、報告事項

一、國防部文件收發案（部長辦公室）

　　　　查部長辦公室尚未成立，而各部隊、機關、學校

　　　　不明投文情形，凡有所請示，一律呈國防部，因

此各種文電，概到部長辦公室，以致積壓甚多，應謀根本解決辦法。

主席指示：

本案交由郭次長懺、劉次長士毅會同研究後，提出討論。

二、陸軍總部編制組織案（陸軍總部）

陸軍總部編制組織，經與美方商議，已草就初案，預定本星期三送美方研究後，即送改組委員會審查。

關於國防部組織，採用美國制度一層，擬請主席、部長、總長斟酌中美情形，訂一適合制度。

三、陸軍總部營房修理案（陸軍總部）

陸軍總部營房，指定原軍令部營房，請簡便手續，以期迅速修理完成。（本案已就國防部整個營房修理案，簽呈主席准予先修後補手續。）

四、共軍在青島海面蠢動情形案（海軍總部）

略。

五、復員官兵安置案（原軍政部整軍組趙組長）

各期復員官兵人數，安置計畫與現在轉業情形，詳見分發油印。

六、調整官兵待遇案（聯勤總部）

文武待遇比較，此次呈請待遇調整情形，副食、馬乾、辦公用品及教育費等之規定與說明，詳見所發油印。

七、第六廳編制組織案（第六廳錢廳長）

1. 第六廳編制組織，因美方亦屬擬辦之新制，尚須等待新資料參考，故未作肯定建議。

　　2. 希望兩點：

　　　第一點：六、四兩廳關係最切，如可能時，請同
　　　　　　　隸一位次長指導。

　　　第二點：六廳與國防部之科學顧問委員會，應有
　　　　　　　密切聯繫。

八、復員青年軍來京情形案（新聞局鄧局長）

　　略。

九、測量局營房及製圖機構遷移案（測量局晏局長）

　　1. 測量局營房，請速撥定。

　　2. 接收日本之製圖設備，在國府鑄印局內，該局
　　　一再催遷，因多數機件拆裝，需款甚鉅，且影響
　　　業務，擬請部長、總長前往視查，決定應否遷
　　　移，俾資遵循。

決議：

轉呈主席不必轉讓，即交測量局接收。

貳、討論事項

一、聯合勤務總部編制組織案（聯勤黃總司令提）

　　1. 聯勤總部編制職掌，本月二十日以後始能提出。

　　2. 經與美方商討，所得計有兩點：

　　　第一點：聯勤部情報處與第二廳情報業務性質不
　　　　　　　同，所蒐集者純為勤務有關之資料。

　　　第二點：副官處與第一廳之職掌，似應明確規定。

決議：

關於人事方面之機構及其業務劃分，由第一廳、副官
處及海空軍主管人事人員，統一向美方研究，確定合

理制度。

二、考選留美學員空運案（考選委員會提）

考選留美學員，時間急迫，第一，集中南京複試，須用空運，可否由空軍總司令部派機運送？第二，複試後送美受訓，須分別船運、空運，請示如何辦理？

決議：

兩案統由考選委員會擬具辦法，以參謀總長名義，簽呈主席核示。

第二次部務會報紀錄

時　　間：三十五年七月一日下午四時至七時半

地　　點：國防部會議室

出席人員：國防次長　　林　蔚　劉士毅

　　　　　參謀次長　　劉　斐　郭　懺

　　　　　陸軍總部　　顧祝同　范漢傑

　　　　　海軍總部　　周憲章

　　　　　空軍總部　　周至柔

　　　　　聯勤總部　　黃鎮球

　　　　　總長辦公室　周彭賞

　　　　　中訓團　　　黃　杰

　　　　　各廳局長　　錢卓倫　鄭介民（龔　愚代）

　　　　　　　　　　　張秉均　趙一肩（楊業孔代）

　　　　　　　　　　　方　天　鄧文儀

　　　　　　　　　　　余正東　趙志垚（紀萬德代）

　　　　　　　　　　　吳　石　徐思平

　　　　　　　　　　　晏勳甫

列席人員：原軍政部　　劉召東

主　　席：部長

紀　　錄：張一為　陳　光　姚燊辰

會報經過
壹、檢討上次會報實施程度
除考選留美學員空運案因王主任委員缺席外，餘均已實施。

貳、報告事項

一、北伐誓師二十週年紀念案（新聞局鄧局長）

    1. 七月九日為北伐誓師二十週年紀念，擬於是日上午在國防部舉行慶祝會，首都各機關部隊少校以上人員參加，並請主席訓話。

    2. 同晚七時擬用部長總長名義，約請京市各機關主要人員參加舉行酒會及晚會，並請特勤處主辦，新聞局協辦。

部長指示：

可照慣例辦理，由新聞局、特勤處合辦。

二、京市新聞界要求經常招待記者報導國防消息案（新聞局鄧局長）

    擬自下週起，每週招待記者一次，由新聞局主持，請各單位供給材料，必要時請部長、總長出席。

部長指示：

可照辦；但部長、總長之出席不定期。

三、各部隊整編情形案（第五廳方廳長）

    略。

四、二廳接收之印刷所擬請暫不移交案（第二廳龔副廳長）

    奉改組委員會通知，二廳接收之印刷所，七月三日移交總長辦公室接收，查本廳為優先印刷及保密起見，懇請暫緩移交。

部長指示：

暫緩移交，將來集中印刷時，由聯勤總部副官處接收，統一歸併，辦理國防部印刷事宜。

五、星期日請留收發公文及蓋印人員辦公案（第三廳張
　　廳長）

郭次長指示：

總長辦公室星期日上午仍照常辦公，下午亦酌留辦公人
員，如無收發或蓋印人員，請即以電話通知。

參、討論事項

一、京市警報及汽笛停放案（部長辦公室）

　　奉主席蔣交下周總司令簽呈一件，略以京市警
　　報，奉令停放，為警惕民眾計，謹擬公開與不公
　　開辦法兩項，謹提請公決。

決議：

1. 由空軍總部即擬具防空演習計畫呈核，候令實施。

2. 表示標準時間辦法，下列三項同時進行。

　　甲、恢復午砲；

　　乙、以廣播電台時間作標準；

　　丙、在各重要街口設標準鐘，由總長辦公室承辦命
　　　　令飭衛戍司令部會商市府後擬訂辦法具報。

二、原軍委會各單位之門牌及行文名義案（總長辦公
　　室提）

　　查現在行文，尚有用原軍委會各單位之名稱者，
　　似應依照規定，在未結束以前，用結束辦事處名
　　義。迨至七月底，則一律取銷。至於門牌可否自
　　現在起，改掛結束辦事處，舊有門牌一概取銷？

決議：

照辦，由改組委員會承辦命令通飭施行。

三、本部官佐出入證案（總長辦公室提）

　　取銷出入證，改用手摺，衛兵稽查繁難；可否以符
　　號代證章，用長城圖案，既可防止職員發生招搖
　　情事，復可減少外人注意。

決議：

原則通過，由第二廳擬具辦法提會決定。

四、本部夏季七、八月份辦公時間案（總長辦公室提）

決議：

1. 辦公時間上午八時至十二時；下午三時至六時。

2. 星期日業務，有緊急性之單位，應酌留人員照常辦
　　公，應自行規訂補休辦法。

五、備役軍官佐保障條例（第一廳、兵役局提）

決議：

依據討論意見，加以研究修改後，再提出討論。

六、本部組織法草案擬請討論案（改組委員會提）

決議：

參酌討論意見，加以研究修正後，再提出討論決定。

七、本部三十六年度施政計劃綱要案（史料局吳局長提）

決議：

可即呈行政院。

肆、指示事項

一、總長指示

　　1. 本部業務，已分別劃分各次長負責，各單位可
　　　按業務規定向次長請示，不可越級呈報。

　　2. 本人私邸，無會客時間，各單位對外來人員因

接洽業務，須逕見本人決定者，應在部內，承
辦交際之人員，亦須留意此點。

3. 對於公文，應慎察其緩急輕重，其緊急有時間
性者，須立即辦理，雖不在辦公時間，亦須完
畢其事。

尚須注意勿以不十分緊急重要之公文，亦限時
送達，致過半夜常擾亂收發人員之睡眠。

4. 處理業務，各級主官，要分層負責，何種事找
何種人，以免下級不辦，高級辦不了之弊病。

5. 待遇問題，聯勤總部簽有辦法，本人意見，陸
軍方面，應先解決不平，低級者之增加數可酌
提高，高級者之增加數可酌減少，以期作到平
字，希望按照今年三月份調整標準辦理；海軍
尚比陸軍為低，招商局待遇，又特別優厚，應
另行研究決定；至空軍比照陸軍高兩級待遇之
辦法，第五次參謀會報，已指明其有欠妥當，
並經飭財務署另行研究辦法，似可比照陸軍高一
級，或按百分之二十加給，此外另加飛行津貼。
至於海軍士兵每月待遇，原有一萬五千，較陸
軍士兵，已提高甚多，此次調整待遇，若再統
一，按照比例增加，相差更多，聯勤總部應另
訂合理辦法。

陸海空軍待遇，應謀漸趨平等一致之辦法，目
前有待遇不同之現象，純屬暫時性質。

6. 國防部成立後，正規辦法，每個單位各級主官
應按編制所定階級請委，按官授職，現規定

廳局署長少將（中將），副廳局署長少將（上
校），處司組長上校（少將），科長一律上校。
（改組委員會遵照總長手訂編制階級，擬具補
充意見，略有變更，業奉批准。）

此次待遇調整之後，官與職亦須計畫調整。

二、部長指示

今後各項會報會議，出席人員應照規定時間準時
出席，相差標準時間，最多五分鐘為限。

第三次部務會報紀錄

時　　間：三十五年七月十五日下午四時至六時二十分

地　　點：國防部會議室

出席人員：國防次長　　林　蔚　劉士毅

　　　　　參謀次長　　劉　斐　郭　懺　郭寄嶠

　　　　　空軍總部　　周至柔

　　　　　聯勤總部　　黃鎮球　陳　良

　　　　　總長辦公室　周彭賞　張家閑

　　　　　各廳局長　　錢卓倫　鄭介民（龔　愚代）

　　　　　　　　　　　張秉均　趙一肩（楊業孔代）

　　　　　　　　　　　方　天　錢昌祚

　　　　　　　　　　　鄧文儀（李樹衢代）

　　　　　　　　　　　余正東　杜心如

　　　　　　　　　　　趙志垚（紀萬德代）

　　　　　　　　　　　吳　石　徐思平

　　　　　　　　　　　晏勳甫

　　　　　中訓團　　　黃　杰

　　　　　考選委員會　王　俊

主　　席：部長

紀　　錄：張一為　鄧宗善

會報經過

壹、檢討上次會報實施程度

均已實施。

貳、報告事項

一、部長辦公室報告

部本部組織，第一次會議，已由美方出席說明，至編制人數與職掌，現美方已送來，第二次會議即予討論。

二、總長辦公室報告

1. 撫卹處原定於十一月底撤銷，但其工作繁鉅，業務仍須繼續，究應如何解決？似應早日注意，確定辦法。

總長指示：

週轉撫卹金經營生意情事，黃總司令須負責整飭，並在本星期內，主持開一小組會議，一廳、新聞局、財務署、海空軍總司令部均派人參加，提出整飭辦法及今後繼續辦理撫卹方案。

2. 原軍委會辦公廳機要室，曾規定改隸國防部，而國防部之編制實無機要室之機構，應請對改編事作澈底之決定。

總長指示：

併入第二廳，即責由第二廳改編，改組委員會承辦命令，分飭遵照。

3. 備忘錄對收件人與發件人之稱謂，極為紛歧（如對馬歇爾有元帥、上將、將軍三種稱謂，總長署名時，有冠陸軍上將、參謀總長兩種字樣）。又備忘錄對發件機關（國防部）之標寫，有冠中華民國、民國兩種字樣，似應統一規定，以資劃一。

總長指示：

由第二廳擬具統一辦法，簽呈核可後通飭遵行。

    4. 日軍聯絡部，現改隸國防部，各單位承辦命令時，對岡村寧次，一律稱聯絡部長，不宜用大將、將軍等官階稱謂。

    5. 本部各級職員，與美國顧問接觸機會甚多，儀節特別重要，可由第二廳蒐集何前總長飭印之外交儀節小冊，再加研究，提出決定。

三、第四廳楊副廳長報告

    本廳二處之經濟科，業務為研究國際貿易及國防與國民經濟，編制上可否改用專員名義，以便物色非軍人之普通專門人才。

部長指示：

應任用普通專門人才，始能勝任，官職改稱辦法，可提出交改組委員會修正。

四、第六廳錢廳長報告

    1. 本廳與第四廳有同類情形，須任用文人若干，請改組委員會彙案修正。

    2. 東京盟軍總部，擬派代表來華，商洽中國向日本提出賠償事宜，關於研究及工業設備事項，由本人會同兵工署長，準備代表本部接洽有關事項。

    3. 教育部派顧毓琇經美赴歐參加國際科學會議，擬由本廳委託其與同情中國之科學家連繫，並調查中國留外科學家之現況。

部長指示：

三項可照辦。

五、民事局余局長報告

　　剿匪開始，為集中社會概念，使精神與認識一致起見，似可倣照抗戰期中提出國家至上、民族至上、及以前剿匪時期提出攘外必先安內，安內必先剿匪之方式，研訂簡單明確之標語數句備用。

部長指示：

由新聞局主持，民事局與第三廳參加，除參考本日之各種意見外，並切實研討，將結果提出，俾資決定。

六、考選委員會王主任委員報告

　　全國初試已完，預定本（七）月二十八日止完成複試，三十日止由美方完成第三次考試，美方希望送美之一〇三人，能在八月四日搭乘由滬開美之船隻，則美國九月四日各兵科學校開學之班次，中國學員，均可適時參加，否則將特開班次，一切均不免較差。

　　遵照總長指示，考試由考選委員會負責，出國事宜，由聯勤總部負責，盼派得力人員預為交涉，將船票訂妥，其他一切事宜，須用敏捷方式趕辦，始能適應時間要求。

總長指示：

1. 應搭八月四日由滬開美之船，聯勤總部將出國事宜，按時趕辦完成。

2. 第三次考試畢時，由部長與本人，約集聚餐講話一次，特勤處與考選委員會屆時注意此事。

3. 第四、五廳會同研究出國有關之各種辦法，令飭此
   批留美軍官遵行。

部長指示：

出國途中，指定資深者任領隊、副領隊，到達美國後，
應受武官署指導，我軍事代表團亦可派人就近督導。

參、討論事項

一、本部紀念週重新規定案

總長指示：

本日紀念週上已照部長意見宣布：

1. 以後紀念週，各總司令部分別規定自行舉行，部
   長、總長辦公室及六廳八局合併舉行，從下週起開
   始實施。

2. 視必要臨時做擴大紀念週，每月以一次為原則，全
   國防部合併舉行。

3. 國府紀念週，本部廳局署處長均須參加。

4. 紀念週上之報告，不必限於主席一人，可由各單位
   主官分別作業務報告，並可事先指定，通知其作必
   要準備。

部長指示：

1. 本部紀念週，從下週起改為星期日上午八時，免與
   國府紀念週時間衝突。

2. 國府紀念週，本部廳局署處長均須參加，以便聽取
   各部會之業務報告，藉以增進軍政聯繫之效用，即
   由部長辦公室將應參加人員之名單送國府文官處，
   並通知各單位遵照。

二、部務會報可否改更時間案（次長郭懺提）

決議：

從下次（第四次）部務會報起，改為星期六上午八時。

部長指示：

應於前一日通知各單位，如有提案，應先送記錄室彙辦。

三、退（除）役軍官佐保障條例案（第一廳、兵役局提）

遵照七月一日第二次部務會報之決議加以修正，擬具草案，提請公決。

總長指示：

1. 對退役軍官佐生活問題之解決，較保障其社會地位重要，本案待部長核閱後再討論。

2. 目前人事業務，不全在遵守法規，致延緩進行，重在針對現實，將重要業務趕快辦好，方合要求，各軍官隊應該退役及請求退役者甚多，第一廳、中訓團、財務署應加緊進行，退役金財務署有權按規定先行墊支，第一廳、中訓團有權辦理退役。

退役金發給額之標準，以退役月份之薪俸額計算。

肆、指示事項

一、總長指示

1. 各單位款項，應一律照法令存入國庫，不得存於私人銀行。

2. 第二廳辦令，駐外各武官，限八月底以前一律回國，以便討論改進武官署之編制、經費、人事及業務等事。

3. 東北需要一萬幹部及補充武器，幹部由中訓團

速選，其運輸辦法，與聯勤總部商訂，武器由
聯勤總部就接收武器中配發。

第四次部務會報紀錄

時　　間：三十五年八月三日上午八時至十時十分

地　　點：國防部會議室

出席人員：國防次長　　林　蔚　劉士毅

　　　　　參謀次長　　劉　斐　郭　懺　郭寄嶠

　　　　　陸軍總部　　林柏森

　　　　　空軍總部　　周至柔

　　　　　海軍總部　　周憲章

　　　　　聯勤總部　　黃鎮球

　　　　　部長辦公室　馮　衍

　　　　　總長辦公室　周彭賞　張家閑

　　　　　各廳局長　　錢卓倫　鄭介民（張炎之代）

　　　　　　　　　　　張秉均（王　鎮代）

　　　　　　　　　　　楊業孔　方　天

　　　　　　　　　　　錢昌祚　鄧文儀（李樹衢代）

　　　　　　　　　　　劉　翔　杜心如

　　　　　　　　　　　趙志垚（紀萬德代）

　　　　　　　　　　　彭位仁　吳　石

　　　　　　　　　　　徐思平　晏勳甫

　　　　　中訓團　　　黃　杰（張言傳代）

主　　席：總長陳

紀　　錄：張一為

會報經過

壹、檢討上次會報實施程度

一、總長指示

　　1. 本人在討論事項之三所指示者，其中之「目前人事業務，不全在遵守法規，致延緩進行，重在針對現實，將重要業務，趕快辦好，方合要求。」一段，應改正為「目前人事業務，不要全在辦公桌棹上汲汲於法規之如何研討，重在將重大業務，迅付付諸實施。」

　　2. 將官退役公布後，社會感想甚好，此為國防部成立後之一件大事，準備在國府紀念週施行報告，第一廳將節錄妥為整理備用。

貳、報告事項

一、林次長報告戰時損失賠償案

　　昨（二）日行政院召集戰時損失賠償委員會會議，以顧大使電，須八月十日將抗戰損失總數字報到華盛頓，當決議數點：

　　1. 時期：從二十六年七七算至三十四年九月二日（日本投降之日）止。

　　2. 範圍：關內凡已報來者均列入，東北在外，因一時調查不清楚也。

　　3. 折合幣值標準：以二十六年法幣折合美金計算，就關內已報來之數字總合，大約直接的有一八○億美金，間接的有一二○億美金，共三百億美金。

4. 軍事作戰損失，已由財政部算入損失範圍內，故不列入，但人員損失照列。

總長指示：

1. 損失時間，改從九一八算起。

2. 東北應算在內，雖目前調查不易清楚，亦當列入另行調查範圍，不宜不算，林次長再加研究提出。

二、郭參謀次長（懺）報告美議員來華本部接待準備案

總長指示：

1. 本部對接待接談諸事，應研究出一個整套之辦法。

2. 就各單位指定數人研究，請部長派一代表參加，並可約俞大維、林可勝加入研究，由周總司令至柔主持辦理。

三、聯勤黃總司令報告在越南從日軍手中收繳之法人物品處理案

總長指示：

我在越南收繳法人之物品，係由日軍手中得來，原屬戰利品，法人索還，於理不合，但我可以備忘錄通知法方，表示願將此項物品贈送。

四、預算局紀副局長報告

交通警察經臨費，原列為軍費，但本年二月已撥出，近奉主席午苛電，准將其列入戰列部隊，同樣待遇，惟本年三、七兩月增加經費，未將交通警察加入，現應請行政院逕予核撥。

總長指示：

如由國防部撥發時，即請追加預算。

參、討論事項

一、組織臨時預算審編委員會案（林次長）

本部三十六年度預算，為能適應行政院之時間要求起見，擬將本部之預算編造及預算審核工作，合併同時辦理，其辦法如次：

1. 組織：國防部管預算之次長及預算司長、管預算之參謀次長、總長辦公室主任、各廳局長、各總司令部參謀長及經理財務主管官、財務署長、經理署長、中訓團教育長及財務主管官。
2. 程序：編審完畢，呈由部長、總長核定後向行政院提出。
3. 準備：各單位應各自分別預為準備。

總長指示：

所擬均照辦，惟尚須注意數項：

1. 預算數字，須求覈實，不要對行政院討價還價。
2. 三十六年預算編審，以現品為主。
3. 關於編造預算程序，第一步先作施政方針，呈主席批准；第二步發交各單位策訂工作計劃；第三部根據工作計劃編造預算。
4. 由國防部主管預算之次長主持召集，對召集事宜之承辦，由預算局負責。

二、商民販運物資入匪區處理辦法案（部長辦公室提）

決議：

本案已交第三廳會同民事局擬辦，呈核時再定。

肆、總長指示

一、嗣後各單位對繁重之案件，最好製成圖表呈核，
　　少用文字敘述為宜。

二、其餘指示從略。

第五次部務會報紀錄

時　　間：三十五年八月十七日上午八時至十一時

地　　點：國防部會議室

出席人員：國防次長　　　林　蔚　劉士毅　秦德純

　　　　　參謀次長　　　劉　斐　郭　懺　郭寄嶠

　　　　　部長辦公室　　張鶴齡

　　　　　總長辦公室　　周彭賞

　　　　　陸軍總部　　　林柏森

　　　　　空軍總部　　　周至柔

　　　　　海軍總部　　　周憲章

　　　　　聯勤總部　　　陳　良

　　　　　各廳局長　　　錢卓倫　鄭介民（龔　愚代）

　　　　　　　　　　　　張秉均　楊業孔

　　　　　　　　　　　　方　天　錢昌祚

　　　　　　　　　　　　鄧文儀（李樹衢代）

　　　　　　　　　　　　劉　翔（廖濟襄代）

　　　　　　　　　　　　杜心如　趙志垚（紀萬德代）

　　　　　　　　　　　　彭位仁（賈應龍代）

　　　　　　　　　　　　吳　石　徐思平

　　　　　　　　　　　　晏勳甫

　　　　　中訓團　　　　黃　杰

主　　席：部長

紀　　錄：張一為

會報經過

壹、檢討上次會報實施程度

一、戰時損失賠償案

    1. 林次長報告：軍隊死傷數字業已送出，至民眾死傷，歸內政部辦理。關於辦理戰時損失調查之機關，前在軍政部設有抗戰損失調查室，現在改歸國防部本部之特種計畫司辦理，請查照。

    損失起算時間由七七改至九一八一層，我外交部頗覺為難，華盛頓方面更不易通過。

    2. 郭參謀次長（懺）報告：我國在抗戰之軍隊死傷數字，據先後正式公布者為三百二十萬人，但撫卹處發出撫卹令者僅五十三萬人，已發撫卹金者僅五萬人，有僅表報姓名而不能發出撫卹令者五十萬人，與公布數目，出入甚大。

    兵役局收到顧大使之來電，可即送部本部特種計劃司辦理。

部長指示：

嗣後對外發布抗戰軍隊死傷數字，應與以前所公布之數目一致；至撫卹處對死傷之調查，撫卹令及撫卹金之發出，應速行澈底整理。

二、預算編審案

    林次長報告：

    預算編審委員會，已初步會議，嗣後當繼續舉行。

貳、報告事項

一、部長辦公室報告

    1. 本部職員函請部長體念待遇微薄，生活艱苦，請發眷屬福利物品、還都津貼、房租補助、子女就學補助等，以救眉急。

部長指示：

本部職員，在還都期間分駐京、渝兩地，改組期間又先後分在舊新各機關，以致情形不明，手續未備，對所請各項，雖已有規定，但終未領到，聯勤總部應即準備，於聯合紀念週上口頭報告，使未領者明白分配品種數量，袪除疑竇。

    2. 南京美軍司令部夏季辦公時間，已通知到部，本部似可不必與之一致。

部長指示：

我方夏季辦公時間，亦已通知美方，可不必一致。

    3. 本部聯合紀念週，部本部官佐共二百九十三員，似應一致參加舉行，部長到時由部長主席，部長未到時即由參謀總長主席，參謀總長亦未到，即由次長一人主席。

郭參謀次長（懺）說明：

第九次參謀會報，已有同樣決定，並由總長辦公室通知各單位知照，惟參加人員，為少校以上軍官佐屬，除訓話外，可由各單位輪流作業務報告。

    4. 部本部各司，本週已大體組織完成，參謀部各單位如因業務需要，可以開始接頭；並由總長辦公室通知十司長，從下次部務會報起，經常

出席。

二、總長辦公室報告

1. 美方備忘錄，應即到即復，茲經清理結果，有延至二十日以上尚未辦理者，聯勤總部承辦者比較為多，請特加注意。

2. 本部交通車，本日開始行駛，路線、車站、班次、乘車規則、乘車證等，均已由特勤處通知各單位知照，下午八、九時，有晚車兩班，專為運送因公遲退職員之用。

3. 預備幹部管訓處擬准參加本部各種會報。

部長指示：

可參加部務、參謀兩種會報，至總務會報，另案通知。

三、陸軍總部林參謀長報告

1. 陸軍總部職掌，美方迄未送來，本部一時無法核訂送改組委員會。

2. 國防部交通車，各總司令部職員可否乘坐？

劉參謀次長答復：

可由聯勤總部統籌辦理。

四、聯勤總部報告

1. 三十五年下半年度軍費追加預算案（預算局提出同樣報告並辦理外匯情形）。

部長指示：

由預算局將辦理經過，擬具節略送核，轉呈院長核奪。

2. 裝備東北部隊防寒服裝需要經費情形。

3. 八月份武職人員待遇應否參照文職人員待遇，從事調整？（未指示）

4. 報紙批評軍事機關接收敵偽物資情形。

部長指示：

除委婉申明外，並請敵偽產業接收清查團指出實際數字品種，果有不合情形，當予嚴懲。

5. 聯勤總部重要人事請先發表，以便開始辦公。

次長林指示：

無案者，只要主管官負責報來，可先派代，以後如有出入，可隨時改正。

五、第一廳錢廳長報告

　　改組期間，參謀部以下人事，用總長名義派代，部本部及各司人事，用何人名義派代？

部長指示：

用部長名義發表。

六、第二廳龔副廳長報告

　　奸黨黨政軍統一，配合運用靈活，反觀我方中央與地方政治不能配合軍事，可否由國防部向行政院提出目前施政，應以軍事第一與國防中心為最高原則。

七、第三廳張廳長、第一廳錢廳長報告

　　第三廳張廳長報告：前委員長行營改為主席行轅，組織職掌仍舊（西昌行轅改警備司令部）一案，文官處已辦府令，通令直屬各機關知照，惟對原有各行營，尚未令知，請指定適當機關補辦。

　　第一廳錢廳長報告：主席行轅，其主任、副主任由國府命令發表，以下各級人員由國防部抑仍由國府發表？

郭參謀次長（懺）答復：

人事方面，由第一廳與文官處商洽決定；至原有各行營尚未接獲改稱之命令，及通令全國部隊、軍事機關學校，一體知照委員長行營改稱主席行轅兩件命令，可由第三廳辦理。

八、第四廳楊副廳長報告

　　本廳新進人員，前次第一廳意見，尉官可令先行到職，校官以上請核，本廳已遵照辦理，惟校官請委手續，擬請簡化，以免簽保官佐，稽延時日不能到職。

九、第六廳錢廳長報告

　　1. 本廳須用文職專門人員甚多，在文武待遇未能一致以前，擬請例外照文職人員待遇辦理，以便羅致。

部長指示：

本案正由本人與銓敘部及本部第一廳商議，候通案解決。

　　2. 美國軍人撫卹機構，涵在行政機關內，組織龐大，因此美方此次對國防部組織之建議，因不明我國內政部無軍人撫卹機構，遂未提及，本部似應特別注意建全撫卹機構之組織。

劉參謀次長答復：

我國軍人撫卹機構，也應逐漸過渡到行政機關內。

參、討論事項

一、請速撥配部本部小車及掉換現有車輛輪胎案（部長
　　辦公室提）

聯勤陳副總司令答復：

本案由本人帶回，交運輸署統籌辦理。

二、空軍總司令部職掌條文擬請修正根據詞語案（空軍
　　總司令部提）

　　奉修正本部職掌之條文之前言，改為「根據國防部
　　施政方針及職掌訂定如左」一語，查施政方針，
　　各年不同，職掌性質固定，擬請刪除「施政方針」
　　四字。

決議：

應予刪除，通知承辦單位辦理。

三、請明確劃分本部各種會報性質及討論（報告）範圍
　　案（空軍總司令部提）

　　本部各種會報，根據實施情形研究，幾無分別，
　　擬請嚴格區分性質，規定討論（報告）範圍，以便
　　出席單位，準備會報事宜，有所根據。

部長指示：

1. 部本部會報，各廳局長不必參加，參謀會報，部本
　 部各司長不必參加，各廳局與部本部各司之聯繫，
　 由部務會報解決之。

2. 所有出席人員應按會報性質發言，嚴守範圍。

3. 出席會報人員，務遵守時間，主官因事不能出席
　 時，應派代表參加。

四、此次考送留美學員職級薪餉擬議留支辦法案（第一
　廳提）

　1. 留學歸國，由本部統制任用。

　2. 留學期間，調為本部各級留學附員，按原級
　　支薪。

決議：

通過，海陸空軍所有留學學員，均照此辦理；並由聯勤
總部調查陸海空留學學員待遇狀況，加以統一規定。

五、譯員軍事訓練班薪餉請發至九月底止案（中訓團提）

決議：

所有未分發者，一律交由第二廳考核錄用。

六、退役高級將領保留隨員請由國防部統籌辦法案（中
　訓團提）

決議：

不保留隨員。

肆、部長指示事項

一、改組委員會，速將各單位與部本部各司科以上之
　組織附主要職掌，製成圖表付印，發至各科，以
　便相互明瞭主管業務，資為接洽聯繫之根據。

二、改組委員會速將組織規程辦好，未送之單位，催
　其速送。

三、由總長辦公室通知首都衛戍司令官湯恩伯，出席
　部務及參謀兩種會報。

四、駐外武官應給勳獎者，由第二廳與第一廳商同辦理。

第六次部務會報紀錄

時　　間：三十五年九月七日上午八時至十二時十分

地　　點：國防部會議室

出席人員：國防次長　　　　林　蔚　劉士毅　秦德純

　　　　　參謀次長　　　　劉　斐　郭　懺　郭寄嶠

　　　　　部長辦公室　　　湯　堯　馮　衍　郭安仁

　　　　　總長辦公室　　　顏逍鵬（侯志磐代）

　　　　　　　　　　　　　張家閑

　　　　　陸軍總部　　　　顧祝同

　　　　　空軍總部　　　　王叔銘

　　　　　海軍總部　　　　周憲章

　　　　　聯勤總部　　　　黃鎮球

　　　　　首都衛戍司令部　湯恩伯（萬建藩代）

　　　　　中訓團　　　　　黃　杰

　　　　　各廳局處長　　　錢卓倫　鄭介民（王丕丞代）

　　　　　　　　　　　　　張秉均　楊業孔

　　　　　　　　　　　　　方　天　錢昌祚

　　　　　　　　　　　　　鄧文儀　劉　翔（童　鑣代）

　　　　　　　　　　　　　杜心如　趙志垚（紀萬德代）

　　　　　　　　　　　　　彭位仁　吳　石

　　　　　　　　　　　　　徐思平（鄭冰如代）

　　　　　　　　　　　　　晏勳甫　劉慕曾

　　　　　部本部各司長　　趙　援　鄭　澤　袁同疇

　　　　　　　　　　　　　劉逸奇　趙學淵　蔣廷樞

主　　席：部長

紀　　錄：張一為　裴元俊

會報經過
壹、檢討上次會報實施程度
一、郭次長（懺）報告

    1. 已發撫卹金人數，原紀錄應修正為五十萬人。

    2. 本部聯合紀念週，參加人員規定分為兩起，凡在軍校及砲標、馬標範圍內者，為少尉以上人員，其他距離遠者，為少校以上人員。

貳、報告事項
一、林次長報告

    1. 三十六年度預算編審案，八月初組織預算編審委員會，十五日開第一次會議，決定預算編製要領，八月三十日開第二次小組會議，研究人數計算方法，與陸、海、空各部隊、機關、學校之單位歸併辦法，現在人數計算，已由五廳辦好，分發各單位，定於九月十五日以前，將預算造好送交預算局，預算局於九月二十二日以前，將全部預算編造完竣送呈部長、總長。

    2. 各單位主官編造預算時，應力求切實能行，避免造送不可能之龐大數字。

二、部長辦公室報告

    1. 國防部各單位承辦部長判行之部文手續（書面）。

    2. 國防科學委員會組織綱要（書面）。

    3. 已發出之國府紀念週出入證八十一枚，參加者

僅約三十人，擬請領證人員一律參加。

部長指示：

1. 自下次國府紀念週起，本部規定出席人員，除外勤者外，均應一律參加。

2. 國防科學委員會組織綱要，第三條「包括四個總司令部」一語，修正為「包括陸、海、空軍、聯合勤務四個總司令部。」

三、總長辦公室報告

以後各種會報，各單位如有提案，請將原稿於會報前一日正午以前，送交總長辦公室第一科彙印，並編製目錄加以裝訂，使出席人員易於清理。

部長指示：

可照辦，各單位最好先一二日交去，以免時間匆促。

四、第四廳報告

交通部電信總局，以蘇聯邀請在莫斯科舉行之國際電信會議，討論內容，側重全世界無線電通信週率分配等問題，會期在八月底或九月底，因美國政府所派人員，包括各部門達有十三、四人之多，我國除交通部派員參加外，擬請本部派員參加，第四廳已簽准，由第二廳、聯勤總部、通信署、空軍、海軍總部等單位，各選精通無線電人員一員，會同交通部人員出席參加。

部長指示：

國際電信會議，關係頗大，本部所派人員，應先期與交通部所派人員會同研究，妥為準備出席應備事宜。

五、新聞局報告

1. 主席最近垂詢綏靖區各項行政及民眾工作進行
   情形，經報告各級政治部指導地方行政及民眾
   組訓等事，多非新聞局職掌，且與民事局職權
   亦未劃清，故各項計劃辦法，雖已分別擬定，
   尚未執行，奉諭：民事局對綏靖區工作僅負督
   導責任，各項工作，因事實需要，必須政工機
   構負責，新聞局應切實進行。

2. 人民服務隊，亟待組織，因前方需要迫切，而
   各新聞訓練班亦已訓練完畢，希望於三或五日
   內對該隊編制、人事、裝備、武器、經費、服
   裝等，請各主管單位趕辦，俾儘可能提早出發
   工作。

參、討論事項

一、為實行預算制度及公庫法案（林次長提）

決議：

原則通過，由經理署、財務署、預算局及部本部預算財
務司照林次長指示四項要求，會同研究實施辦法，聯勤
陳副總司令負責召集。

二、本部主要業務，擬請分別設置經費、人事及文書三
   個小組委員會，以利研究改良案（郭次長（懺）提）

決議：

1. 人事方面之研究由部本部軍職、文職兩個人事司、
   第一廳、第五廳、副官處及各總司令部辦理人事之
   單位，組織小組會議研究，由郭次長（懺）負責召

集，第一廳承辦召集有關之事務。

2. 文書之研究改良，由總長辦公室先行調查對此項業務有研究與有興趣者，並蒐集可供此種業務改良有關之資料，提出下次會報決定後，再行組織。

三、提請核議本部文職人員任用辦法案（部本部文職人事司提）

決議：

1. 本部各單位文職人員（各項專家及技術專門人才）之待遇以一致為原則。

2. 本案先由財務署召集有關單位研究後，送文職人事司由林次長再召集有關單位複審，提部務會報決定。

3. 軍用文職人員服裝，原有規定，迄未實行，由第一廳提出下次部務會報報告，決定實行辦法。

四、為擬議新聞民事兩局職掌劃分及實施辦法案（改組委員會提）

決議：

1. 一之甲項新聞局職掌修正之第二條末尾，加「並監督考核各級軍事新聞機構」一語。

2. 一之丙項（收復區政務實施辦法六條）暫為保留，由民事、新聞兩局研究修正，送林次長向行政院提出報告與建議。

3. 三之第二條修正如次：「關於戰地及綏靖區在秩序未恢復前之民事行政及民眾組訓，由民事局承辦，關於人民服務總隊之編組、講習、派遣、指導、考核等工作，由新聞局主辦，民事局會辦。」

肆、指示事項

各單位主官如因事不能出席會報，應派副主官代表參加。

第七次部務會報紀錄

時　　間：三十五年九月二十一日

地　　點：國防部會議室

出席人員：參謀總長　　　　陳　誠

　　　　　國防次長　　　　林　蔚　劉士毅　秦德純

　　　　　參謀次長　　　　劉　斐　郭　懺　郭寄嶠

　　　　　部長辦公室　　　湯　垚　馮　衍　郭安仁

　　　　　總長辦公室　　　顏逍鵬（侯志磐代）

　　　　　　　　　　　　　張家閑

　　　　　陸軍總部　　　　林柏森

　　　　　空軍總部　　　　周至柔

　　　　　海軍總部　　　　桂永清

　　　　　聯勤總部　　　　黃鎮球　黃　維　陳　良

　　　　　首都衛戍司令部　湯恩伯

　　　　　中訓團　　　　　黃　杰

　　　　　各廳局處長　　　錢卓倫　鄭介民（張炎元代）

　　　　　　　　　　　　　張秉均　楊業孔（胡獻昂代）

　　　　　　　　　　　　　方　天（郭汝瑰代）

　　　　　　　　　　　　　錢昌祚　鄧文儀

　　　　　　　　　　　　　劉　翔（劉　真代）

　　　　　　　　　　　　　杜心如　趙志垚（紀萬德代）

　　　　　　　　　　　　　彭位仁　吳　石

　　　　　　　　　　　　　徐思平（鄭冰如代）

　　　　　　　　　　　　　晏勳甫　陳春霖

　　　　　　　　　　　　　劉慕曾　賈亦斌（代表預管處）

部本部各司　　馬崇六　袁同疇

華振麟　鄭　澤

劉詠堯　劉逸奇

趙學淵　張鶴齡

黎國培（工業動員司）

趙　援

聯勤總部各單位　張　鎮　柳際明

主　席：部長

紀　錄：張一為　裴元俊

會報經過
壹、檢討上次會報實施程度
一、修正紀錄

撫卹處報告：遺族實際領到撫卹金者仍為五萬人。

二、林次長報告

1. 各單位編造明年度預算，原規定九月十五日以前送預算局彙編，嗣以時間迫促，十六次參謀會報決定展至九月二十日，希如限送交。

2. 文職人員任用辦法案，昨已由預算財務司擬具一案，因尚未十分研究，今日不能提出報告。

三、郭次長（懺）報告

改進文書、人事兩種業務之研究，已分別進行。

四、第一廳報告

人事研究小組委員會，第一廳已簽呈，擬仿照前軍委會辦法，成立人事改進會議，可收宏效。

五、陳副總司令報告

　　實行預算制度及公庫法案，刻正召有關單位研究中。

部長指示：

第一廳與此案關係甚大，下次開會研究時應參加。

貳、報告事項

一、部長辦公室報告

　　週來京市部份報紙，對本部此次發給特支費事，日有披露，發動者似為本部職員之不平呼籲，影響本部上下情感及聲譽，應請注意。

指示：

1. 中央軍事機構改組之初，主席為體念中央各軍事機構各級正副主官之艱難，指示酌予分別補助，德意至感，因手續稽延，洽於中秋節前發放，致有特支費之誤會。

2. 新聞局主持記者招待會，仍應每週舉行，部、總長或次長常川出席，解答詢問，減少誤會。

3. 內部人員不明事實，動輒向輿論界混淆是非，影響本部聲譽，亦應糾正。

4. 本部對輿論界之批評，自不應諱疾忌醫，但不符事實之報道，應設法糾正。

二、參事室報告

　　國防部各室司與本部各廳局各總司令部及與行政院各部會署間業務連繫暫行辦法（油印分發）。

林次長說明：

此項辦法，在使各廳局及各總司令部了解部本部組織及

各項業務負責人，以便直接聯繫。

部長指示：

此項辦法，除本部照辦外，應與行政院各部聯繫者，可提院會報告，謀取承辦人員之直接聯繫。

三、新聞局報告

新聞局主辦之國防公報，第一期月底可出版，此刊為國防部之公報，凡可公佈之規章法制，均希各單位送交，人事調動是否可以在公報發表，請第一廳及副官處研究。

參、討論事項

一、本部對「國民大會報告書」起草辦法案（部長辦公室、總長辦公室提）

決議：

辦法通過，惟起草委員，海空軍總部及中訓團應派人參加。

二、改良各軍事機關、部隊、學校、經理與人事制度案（林次長提）

決議：

所提意見通過，分別交由經費及人事研究小組委員會辦理。

三、各單位自三十六年起，所有留學學員生及軍事考察人員並請購物資所需外匯，應指定機構統一辦理案（林次長提）

決議：

原意見一、二兩條，修正如次：

1. 各單位需要外匯，統送預算局承辦，經過預算程序後，列單通知財務署統一辦理。
2. 各機關下月份需要外匯若干，又經結購若干，於月終調製統計表二份呈部次長核閱，俾便明瞭需用外匯實況，由預算局主辦財務署會辦。

四、擬將給卹年次縮減一倍（卹金額不減）案（撫卹處提）

決議：

通過。

五、擬請簡化榮哀狀用印手續及卹令普卹狀改用國防部印案（撫卹處提）

決議：

通過。

六、擬限期普遍調查抗戰陣亡官兵並擬對已報尚未請卹而不能證明確係陣亡之已故士兵各予一次普卹案（撫卹處提）

決議：

本案緩辦。

七、為擬訂本年十、十一兩月及十二月至明年二月之作息時間表案（總長辦公室提）

決議：

通過，由特勤處通知各單位照辦。

肆、指示事項

一、總長指示

另冊專繕。

二、部長指示

1. 陳總長對各單位之指示，應即分別開始辦理。

2. 剿匪之成敗，在於決心，希望不再變動決心，短期予以解決。

3. 賞罰應力求公正與迅速，方有意義。

第八次部務會報紀錄

時　　間：三十五年十月五日上午八時至十時四十分

地　　點：國防部會議室

出席人員：國防次長　　　　林　蔚　劉士毅　秦德純

　　　　　參謀次長　　　　郭　懺　郭寄嶠

　　　　　部長辦公室　　　湯　垚　馮　衍　郭安仁

　　　　　　　　　　　　　張鶴齡

　　　　　總長辦公室　　　顏逍鵬（侯志磐代）

　　　　　　　　　　　　　張家閑　張一為

　　　　　陸軍總部　　　　林柏森

　　　　　空軍總部　　　　周至柔

　　　　　海軍總部　　　　桂永清

　　　　　聯勤總部　　　　黃鎮球　陳　良

　　　　　首都衛戍司令部　湯恩伯

　　　　　中訓團　　　　　黃　杰

　　　　　各廳局處長　　　錢卓倫　鄭介民（侯　騰代）

　　　　　　　　　　　　　張秉均（王　鎮代）

　　　　　　　　　　　　　楊業孔　方　天（郭汝瑰代）

　　　　　　　　　　　　　錢昌祚（吳欽烈代）

　　　　　　　　　　　　　鄧文儀　劉　翔（鄭恒武代）

　　　　　　　　　　　　　杜心如　趙志垚

　　　　　　　　　　　　　彭位仁（金德洋代）

　　　　　　　　　　　　　吳　石　晏勳甫

　　　　　　　　　　　　　徐思平（鄭冰如代）

　　　　　　　　　　　　　陳春霖（曹　登代）

劉慕曾　俞季虞

部本部各司　華振麟　劉逸奇　趙　援

鄭　澤　袁同疇　馬榮六

劉詠堯　趙學淵　黎國培

任　瀾

主　　席：部長

紀　　錄：裴元俊

會報經過
壹、檢討上次會報實施程度

均已實施。

貳、報告事項

一、部長辦公室報告

部本部十個司均已成立，係將原劈刺場及馬房改為辦公室，勉可敷用，本部調整營房時，請不再變動部本部房屋。

二、參事室報告

各單位工作計劃，限定二十日彙呈，請如限送到。

三、總長辦公室報告

下禮拜一（十月七日）本部聯合紀念週，本部及軍校附近單位，少尉以上，距離遠者，少校以上參加，由部長辦公室馮副主任衍指揮。

四、空軍總部報告

1. 傘兵現駐地（原交輜學校地址）設備已甚完善，請不必再有移動。

   2. 傘兵一般程度均甚高，各季服裝，擬請發給呢料。

   3. 傘兵實物補給、運輸領取，均感困難，擬請改良。

部長指示：

傘兵成立為期僅有兩年餘，曾經參加追擊敵人作戰幾次，均有戰果，今後戰爭，傘兵實居重要地位，在世界第二次大戰中，德國之侵入荷比及克里特島，以及盟國在菲洲、諾曼第半島諸戰役，傘兵均有極大貢獻，故對此兵種，應抱扶持觀念，空軍總部之報告，駐地不更動，服裝及實物補給改善，由聯勤總部辦理，並以訓練教育關係，傘兵不宜以之擔負佈防任務。

五、海軍總部報告

   1. 海軍醫藥係由軍醫署補充，但以常不能按時領到，以致各艦船無藥可用，擬請於本部內設立醫藥庫，由軍醫署一次大批撥補，以便適時轉發。

   2. 海軍江防各艦食米，擬請聯勤總部轉令沿江予以補給。

   3. 各艦船通信器材，及沿江航行燈塔，設備不全，以致一入夜間，艦船不能動行動，通信器材，擬請聯勤總部發給無線報話機壹百部，航行燈球塔，擬請部長向行政院提出，應由海關負責設置。

部長指示：

1. 海軍醫藥及食米補給，由聯勤總部辦理。

2. 關於通信，由海軍總部擬具通信設備計劃呈核。

3. 航行燈塔設備，當向行政院提出，請海關設置。

4. 海軍係從新建立，船隻器材吾人可以由英美之協助，

並漸進而自給，在物資建設方面決無問題，惟精神紀律，較之物資尤為緊要，赴英美接船士兵，在國外有不名譽之行動，返國復驕傲萬分，查出國士兵均有志願書，不能聽其隨便退伍，希望桂副總司令對精神紀律特別注意。

六、聯勤總部報告

　　三十五年度服裝籌補簡報。（書面報告）

七、第一廳報告

　　1. 過去慶祝雙十節，各長官勛獎章佩帶不全，本年雙十節請按規定一律佩帶。

　　2. 一般對服裝規定，尚有未全部照辦者，如領章未用銅質，銅鈕未用凸形之青天白日，自來水筆掛在衣袋外面等，擬請本部官長先予改正。

指示：

1. 由第一廳通令各單位說明勛獎章佩帶之規定。

2. 服裝應照規定辦理。

八、新聞局報告

　　1. 接市黨部通知，國防部黨員，應登記參加地方黨部，擬請設立區黨部，地點可不在部內。

　　2. 新聞局接到許多官兵來信，咸稱部內應有娛樂，擬請籌設一俱樂部，建一劇場，以便經常演劇，供本部官兵娛樂。

部長指示：

1. 軍人黨員，特黨部撤銷後，依規定應參加地方黨部。

2. 馬市長（超俊）請求禁止軍人集體投票選舉市參議員，查軍人應否參加參議員選舉投票，各地均有糾

紛，應請示決定（由新聞局承辦）。

3. 在渝時，有新生活晚會，並有軍事電影片甚多，可供官兵娛樂，應即恢復舉行，由特勤處召集新聞局、軍事教育電影管理處會商擬具辦法。

4. 國民身份證，軍人亦應領取，由第一廳承辦命令，通飭各單位應按照市府規定辦理。

參、討論事項

一、修正國防部會報通則提請審定案（林蔚、郭懺提）

決議：

會報通則，修正如次：

1. 第三條：

部務會報出席人員，加各副總司令。

參謀會報出席人員，加各副總司令、首都衛戍司令部、中訓團教育長、憲兵司令部。

作戰會報出席人員，加各副總司令、各總部參謀長、兵役局局長。

2. 第十條：應加「如出席人員因事不能出席時，應派其副主官或次級主官出席代理」一項。

3. 通則應增訂左列條文：

(1) 會報機密，各出席人員應特別保持。

(2) 紀錄上所規定之事項，負責承辦之出席人員於散會後應即遵照辦理。

二、調整給與審查報告及意見（林蔚提）

決議：

通過。如行政院能自九月份起發款，即從九月份起實施新給與。

肆、指示事項

自下週起部務會報改為每週一次，下星期六（十月十二日）應舉行。

第九次部務會報紀錄

時　　間：三十五年十月十二日上午八時至十一時

地　　點：國防部會議室

出席人員：國防次長　　　　林　蔚　劉士毅　秦德純

　　　　　參謀次長　　　　劉　斐　郭　懺　郭寄嶠

　　　　　部長辦公室　　　湯　堯　郭安仁　張鶴齡

　　　　　總長辦公室　　　顏逍鵬（侯志磐代）

　　　　　　　　　　　　　張家閑　張一為

　　　　　陸軍總部　　　　林柏森

　　　　　空軍總部　　　　周至柔

　　　　　海軍總部　　　　桂永清

　　　　　聯勤總部　　　　黃鎮球　黃　維　陳　良

　　　　　首都衛戍司令部　萬建蕃

　　　　　中訓團　　　　　黃　杰

　　　　　憲兵司令部　　　張　鎮

　　　　　各廳局處長　　　錢卓倫　鄭介民（張炎元代）

　　　　　　　　　　　　　張秉均（王　鎮代）

　　　　　　　　　　　　　楊業孔　方　天（郭汝瑰代）

　　　　　　　　　　　　　錢昌祚　鄧文儀

　　　　　　　　　　　　　劉　翔　杜心如（張　桓代）

　　　　　　　　　　　　　趙志垚　彭位仁（金德洋代）

　　　　　　　　　　　　　吳　石（戴高翔代）

　　　　　　　　　　　　　徐思平（鄭冰如代）

　　　　　　　　　　　　　晏勳甫　陳春霖　劉慕曾

　　　　　　　　　　　　　俞季虞

部本部各司　　華振麟　趙　援　鄭　澤
　　　　　　　趙學淵　馬崇六　廖行芳
　　　　　　　黎國培　劉逸奇　劉詠堯
　　　　　　　項任瀾

主　席：部長

紀　錄：裴元俊

會報經過
壹、檢討上次會報實施程度

一、第一廳報告

國民身份證，軍人亦應領取，已通飭各單位遵照市政府規定辦理。

二、新聞局報告

軍人應否投票選舉市參議員案，曾經研究，尚未得結論。

部長指示：

仍由新聞局承辦簽呈，以便請示決定。

三、海軍總部報告

航行燈塔設備案，由海軍總部承辦簽呈呈行政院，俾資轉飭海關設置。

貳、報告事項

一、特種計劃司報告

前軍委會所發槍照（自衛手槍），已不適用，應請另行製發。

部長指示：

聯勤總部，正與內政部洽商辦理中。

二、空軍總部報告

　　空軍今年所追加預算，呈出已三月，尚未得批回，現經費困難異常，擬請部長指示。

三、海軍總部報告

　　派赴英國接收震旦號官兵三百六十餘人及潛艇之士兵訓練已經結束，船隻交涉妥當，定本月二十三日上船，所請外匯二十五萬磅，行政院尚未批准，恐誤船期，失信盟邦。

部長指示：

海軍總部以部長名義擬具書面報告交來，以便向行政院催促。

四、第一廳報告

　　1. 時已深秋，冬季服裝，應請早日配發。

　　2. 雙十節所搭牌樓，應請限期一律拆去。

聯勤陳副總司令答復：

京市以外冬季服裝業已發清，京市內通知已發出，各單位即可請領。今年冬服，每官長可得人字布棉服一套（准尉以上），上校以上主官另發呢料一套（京市以外將級正副主官、參謀長每人一套），其餘另發人字布料一套。

部長指示：

牌樓限用三日，十二日應拆除，特勤處並以本部名義通知國府文官處，俾全市一致。

五、新聞局報告

1. 主席壽誕，新聞局編印畫傳，紀念「偉大的蔣主席」一冊，內容有像片三千餘張，文字四十餘萬字，已印五千冊，價一萬萬元，先在財務署借墊，擬請專案報銷。又擬在中山門、新街口、玄武門作三大畫像，約須千萬元。

2. 新收復之重要城市，如臨城及張家口，除發動黨團及民眾慰勞外，請以主席暨部長、總長名義，派員慰勞軍隊民眾，藉以收復人心。

部長指示：

1. 紀念文獻，甚有價值，可以專案報銷。

2. 慰勞新收復之重要城市，非常需要，由新聞局計劃簽呈決定。

參、討論事項

一、文職人員與武職人員待遇一致案（林蔚提）

決議：

通過，惟技人員與科學專家之待遇，另由第六廳與第四廳及聯勤總部擬定方案，提下次部務會報討論。

二、軍用文職人員服制提請討論案（第一廳提）

決議：

照甲案通過，惟領章仍照前軍委會規定辦理（底分紅、黃、藍色），左右均用文、法、技字樣，字體改用正楷，領章大小由第一廳研究辦理。

三、為防止貪污整肅官常須從改善待遇著手案（預算財
　　務司提）

決議：

交聯勤總部辦理。

四、擬具保安團隊軍官佐銓敘辦法請公決案（保安局、
　　軍職人事司、第一廳提）

決議：

俟保安局與內政部洽商後再定。

五、為改訂被服給與品量提高質料，修改制式檢同標
　　樣請予核定案（聯勤總部提）

決議：

由第一、三、四、五廳，部本部徵購司，陸軍總部，預
算局，財務署，監察局，聯勤黃副總司令，會同審查給與
品種、制式、質量、份數等，由聯勤陳副總司令召集。

六、請確定交警總局職員及交警總隊官佐是否視同軍
　　人身份照軍職任職案（第一廳提）

決議：

照所擬辦理。

肆、指示事項

一、第一廳應通知內政、教育各部，禁止公務員及一
　　般民眾學生等穿著與軍人同樣之草黃草綠色服
　　裝，俾便整肅軍容。

二、聯勤總部規定服裝給與，應注意兵種及氣候關
　　係，如乘馬兵不宜發短褲，東北、西北、華北雖
　　在夏季，亦不適用短袖襯衣及短褲。其次應規定

軟帽一種，始便行軍作戰，綁腿非常不合衛生，
士兵易患腳氣病，各國均不採用。再何前總長曾
言新制軍服後背開叉，在北方易為寒風侵入，均
希加以研究改進。

三、林次長本日所提文職待遇與武職待遇一致案內之
附表，乃供研究之用，案內不必保留。

第十次部務會報紀錄

時　　間：三十五年十月十九日上午八時至十一時二十分
地　　點：國防部會議室
出席人員：國防次長　　　　林　蔚　劉士毅　秦德純

　　　　　參謀次長　　　　劉　斐　郭　懺

　　　　　部長辦公室　　　湯　垚　郭安仁　張鶴齡

　　　　　總長辦公室　　　顏逍鵬（侯志磐代）

　　　　　　　　　　　　　張家閑

　　　　　陸軍總部　　　　林柏森

　　　　　空軍總部　　　　周至柔

　　　　　海軍總部　　　　周憲章

　　　　　聯勤總部　　　　陳　良　趙桂森

　　　　　首都衛戍司令部　湯恩伯

　　　　　中訓團　　　　　黃　杰

　　　　　憲兵司令部　　　張　鎮

　　　　　各廳局處長　　　錢卓倫　鄭介民（張炎元代）

　　　　　　　　　　　　　張秉均　楊業孔

　　　　　　　　　　　　　方　天　錢昌祚

　　　　　　　　　　　　　鄧文儀　劉　翔（廖濟寰代）

　　　　　　　　　　　　　杜心如（張　桓代）

　　　　　　　　　　　　　趙志垚　彭位仁（金德洋代）

　　　　　　　　　　　　　吳　石　徐思平（鄭冰如代）

　　　　　　　　　　　　　晏勳甫　陳春霖

　　　　　　　　　　　　　劉慕曾　賈亦斌

　　　　　部本部各司　　　何孝元　趙　援　鄭　澤

華振麟　馬崇六　袁同疇

黎國培　劉逸奇　蔣廷樞

趙學淵

主　　席：部長

紀　　錄：裴元俊

會報經過

壹、檢討上次會報實施程度

一、修正紀錄

　　1. 上次會報紀錄，指示事項第一條，修正為「聯勤總部應通知內政教育各部，禁止文職公務員及一般民眾學生等穿著與軍人同樣制式服裝，俾便整肅軍容。」（第一廳提出）

　　2. 京市以外冬季服裝，業已發清，改為業已配發。

二、憲兵司令部報告

　　京市軍人攜帶自用槍，應檢驗槍支子彈後，始發槍照，並應編印號碼，此事向由憲兵司令部辦理（非軍人用槍由內政部辦理），近已擬具辦理計劃，經第四廳核准。

部長指示：

此項槍照製發，由憲兵司令部辦理。

三、新聞局報告

　　據內政部規定，軍人有選舉參議員之權，而無被選舉權。

部長指示：

應通令知照。

貳、報告事項

一、部長辦公室報告

1. 部本部會報決定，凡出版陸海空勤各種軍事書籍之民營書店，請求立案，應以國防部名義批復，由第五廳承辦。

2. 部長在部本部會報之指示：

甲、呈閱呈核呈判及請示案件，應先呈主管次長核閱後，再呈部長；

乙、經過複雜之案件，應述明辦理經過大要，以便核閱；

丙、呈核之件，應簽具辦法；

丁、各階層應負責核稿，以免文字錯誤。

二、總長辦公室報告

1. 本日午後五時，本部舉行史迪威將軍追悼會，主席及馬歇爾與美軍顧問團人員，均將蒞臨，各單位參加追悼人員，服裝務求整潔，帶隊官並應注意時間及進出秩序。

2. 本部有一汽車通行證，曾在夫子廟被盜，請各單位注意保管，營門衛兵應隨時抽查出入車輛，用防不虞。

3. 外國元首所乘汽車飛機，例有特別標識，是否計劃圖示呈核。

部長指示：

元首車輛飛機之標識，以後再辦。

4. 國民大會之軍隊代表，是否由本部招待？

部長指示：

由新聞局會同特勤處先與主辦機關洽商後再定。

三、海軍總部報告

　　1. 在美接收之伏波號，頃已抵香港，為調遣便利計，擬令暫留廣州。

　　2. 上次會報報告，派赴英國接收震旦號官兵及潛艇訓練士兵，定本月二十三日上船，所請外匯尚未批准，擬請先撥十二萬鎊，俾可成行。

部長指示：

請撥外匯手續業已辦理，尚未批下，由聯勤陳副總司令會同海軍周參謀長，於會報後前往行政院洽辦。

四、聯勤總部報告

　　黃總司令已赴北平及東北視察。

五、首都衛戍司令部報告

　　1. 下關來往部隊頻繁，因無營房設備，均駐民房，異常紛擾，擬請聯勤總部在該處修建營舍。

　　2. 最近在國防部破獲奸黨組織兩案，市內亦有破獲，請各單位特別注意還都後就近僱用之人員。

　　3. 首都衛戍司令部內（前軍令部地址）尚住有眷屬三、四十人，擬請轉飭遷移。

部長指示：

1. 下關應由聯勤總部計劃修建簡單營房，並須預備穀草、柴炭及必要之營具等，以供過境部隊使用。

2. 晚間無故鳴槍，早經禁止，近仍未遵辦，除由聯勤總部通令嚴飭各倉庫對守庫衛兵禁止外，並由衛戍

司令部通飭各駐軍遵照。

六、中訓團報告

復員軍官轉業水產之訓練班，業經召集農林部、救濟總署、海軍總部商討，情形如次：

1. 設備：利用上海中央訓練團分團設備，可容二千人。

2. 人員：志願參加水產訓練者甚多，惟必需具有高中程度，身體健全、年齡不大三條件，故現擬先訓練一千人。

3. 教材：海軍舊船可供訓練之用，教育部在滬原有水產學校，現擬商請恢復，即可獲救濟總署所供給之船隻。

4. 師資：海軍退伍軍官可參加一部，農林部亦可派遣專門人員擔任。

以上四項均已大體解決，除訓練計劃已由農林部擬辦外，擬請人力計劃司與教育部洽商恢復水產學校，俾可獲得救濟物資，一俟轉業訓練完畢，即令歸還。

部長指示：

人力計劃司照辦。

七、第一廳報告

1. 昨日本部人事業務研究會提議，以前軍委會辦公廳承辦主席提倡之軍官年終論文比賽，本部應繼續辦理，擬交由第五廳承辦。

2. 本部缺乏體育場設備，擬請籌建。

3. 軍用吉普車搭載乘客圖利，早有傳聞，昨因事赴

　　　　下關，親見有 1/2 吉普車，在車站搭載乘客入
　　　　城，擬請注意糾正。

部長指示：

1. 體育場籌建，由特勤處計劃辦理。

2. 軍用吉普車搭載乘客圖利，由憲兵司令部嚴格查
　　禁，司機訓練，由聯勤總部按照計劃認真實施，待
　　遇問題，亦應檢討改善；又下關車站秩序非常紊亂，
　　憲兵司令部應會同警察廳切實整頓。

八、第六廳報告

　　　　上次會報奉指示，技術人員與科學專家之待遇，
　　　由第六、第四廳及聯勤總部會同擬定方案，提今
　　　日部務會報討論，今日已將科學專家及研究員補
　　　助費辦法提出，惟關於技術人員補助案，須俟下
　　　次會報再行提出。

九、新聞局報告

　　1. 傷病官兵慰勞團均已出發，惟後方抗戰傷病官
　　　兵（約七萬人）之慰勞金，迄未確定，請軍醫
　　　署、預算局、財務署速定預算，令飭各軍事機
　　　關早日發放。

　　2. 綏靖區政務委員會即將成立，本部主辦之人民
　　　服務總隊及軍民合作計劃應需預算，擬請第五
　　　廳、預算局、財務署會同編擬，早日提出該會
　　　轉請行政院核定。

　　3. 新聞局訓練由軍官總隊考選之一五〇〇人現已
　　　預定下月初召集，訓練地址，擬借用陵園體育
　　　場，請中訓團、工程署協助限期修繕備用。

部長指示：

後方之抗戰傷兵慰勞經費，軍醫署迅速開出人數，簽請核示。

十、軍法處報告

國府及行政院頒佈法規及本部各單位所擬法規，一經核准後均直交各主管單位，其餘部門均不明瞭，以後擬請通令知照。

部長指示：

本部以後所有法規（國府行政院所頒或本部呈准），須經過法規司，並由其承辦通令知照各單位，副官處總收發室在分文上予以注意。

參、討論事項

一、擬組織物資聯合徵購委員會案（附組織規程草案）

（林蔚、秦德純提）

決議：

通過，組織規程草案條文修正如次：

1. 「國防部物資聯合徵購委員會組織規程草案」刪除聯合二字。

2. 第一條「本會為確保軍用物資，適應國策之需要……」，「本會」二字改為「本部」，「國策」二字改為「國防」。

3. 第三條「……第四廳廳長及陸海空勤所轄有關物資補給機構之主管人員兼任之。」改為「……第四廳廳長、第六廳廳長及陸海空軍及聯勤各總司令部所轄有關物資補給機構之主管人員兼任之。」

4. 第三條末句「必要時得咨請政府有關機關派員參加
之」改為「必要時得咨請有關機關派員參加」。

二、請發動勸募黨員特別捐案（部長辦公室提）

決議：

照所擬辦法通過。

三、擬具改革軍事機關、部隊、學校經理財務業務辦
法案（聯勤總部提）

決議：

照乙案辦理。

四、為全國軍官佐屬抗戰期間有行政處分而非因貪污
者擬請一律撤銷案（第一廳提）

決議：

原則通過，由第一廳參照法規簽請核示。

五、擬訂科學專家及研究員補助費辦法案（第六廳提）

決議：

本案交預算財務小組開會研究，並由第六廳出席說明。

肆、指示事項

一、各單位應設置值日官，負責維持軍風紀及警衛保
密之責，並處理緊急公文或緊急事件，各級主
官，應加監督實施。

二、報上幾每日均有汽車傷人新聞，故因京市汽車增
加，警察指揮不良，道路寬度不夠及市民交通智識
缺乏種種原因所致，但司機技術太差，亦為最大原
因之一，聯勤總部對司機之訓練，應特別注意。

第十一次部務會報紀錄

時　　間：三十五年十月二十六日上午八時至十一時十分

地　　點：國防部會議室

出席人員：國防次長　　　　林　蔚　劉士毅　秦德純

　　　　　參謀次長　　　　劉　斐　郭寄嶠

　　　　　部長辦公室　　　湯　垚　郭安仁　張鶴齡

　　　　　總長辦公室　　　顏逍鵬（侯志磐代）

　　　　　　　　　　　　　張家閑

　　　　　陸軍總部　　　　林柏森

　　　　　空軍總部　　　　周至柔

　　　　　海軍總部　　　　周憲章

　　　　　聯勤總部　　　　陳　良　趙桂森

　　　　　首都衛戍司令部　萬建蕃

　　　　　中訓團　　　　　黃　杰

　　　　　憲兵司令部　　　張　鎮

　　　　　各廳局處長　　　錢卓倫　鄭介民（張炎元代）

　　　　　　　　　　　　　張秉均　楊業孔　郭汝瑰

　　　　　　　　　　　　　錢昌祚　李樹衢

　　　　　　　　　　　　　劉　翔（張太偉代）

　　　　　　　　　　　　　張　桓　趙志垚　金德洋

　　　　　　　　　　　　　吳　石　徐思平　晏勳甫

　　　　　　　　　　　　　陳春霖　劉慕曾

　　　　　部本部各司　　　趙　援　鄭　澤　華振麟

　　　　　　　　　　　　　馬崇六　袁同疇　黎國培

　　　　　　　　　　　　　劉逸奇　蔣廷樞　趙學淵

何孝元

主　　席：部長

紀　　錄：裴元俊

會報經過
壹、檢討上次會報實施程度
一、修正紀錄

　　報告事項之七，其第一項：「承辦主席提倡之軍
　　官年終論文比賽」一語，其中「提倡」二字改為
　　「規定」。

二、部長指示

　　由聯勤總部承辦，通知內政教育各部，禁止文職
　　公務員及一般民眾學生等，穿著與軍人同樣制式
　　服裝一案；該部並應呈請國民政府通令全國各機關
　　知照；黨部方面，亦應請其轉飭所屬遵照。

三、總長指示

　　1. 內政部規定，軍人有選舉參議員之權而無被選
　　　 舉權，此處之軍人應說明為現役軍人，新聞局
　　　 承辦通令時注意。

　　2. 京市軍車行駛速度太快，尤以各高級人員之乘
　　　 車為甚，憲兵司令部應負責糾正，不可顧忌情
　　　 面，各單位主官應利用紀念週對部屬切實規
　　　 誡，市內行駛，速率不能超過二十公里，轉灣
　　　 及十字路口應開慢車，以後如再有肇禍事件發
　　　 生，除依法懲辦司機外，並連坐其主官。

　　3. 京市晚間無故鳴槍一事，迭經禁止，仍有發生，

聯勤總部、衛戍司令部及憲兵司令部應澈底查禁。

貳、報告事項

一、預算財務司報告

上次會報第六廳提科學專家研究員補助辦法案。

決議：

交本司研究，經第六廳召集本司、預算局、財務署商討，決定技術加薪為百分之二十，京滬區為百分之三十，至專家及研究員補助辦法，擬將發明之獎勵規定一併加入，故須展至下次會報始可提出。

二、人力計劃司報告

上次會報決定由本司赴教育部接洽恢復水產學校事，經與教部杭次長面洽，據云原在合川水產學校，業已復員，交由江蘇省府在崇明島、連雲港兩處開辦，復員軍官轉業水產訓練之需要，可另在滬開辦，請正式公函教部，可給以國立水產學校名義，已請中訓團承辦公函申請。

部長指示：

中訓團速辦。

三、中訓團報告

主副食物補給實驗結果及意見（書面）。

四、第二廳報告

十月十九日中央日報有一「軍人第一」之標題，內載無一循規之軍人照章購票乘小火車及公共汽車，救國日報公開批評其言之過甚，有失公允，

擬函請中宣部禁止此種不公正之報道。又查在渝
時，各部傳令兵規定攜帶乘車證，因公持此，可
以免票搭乘公共汽車，現在是否可以採用？

部長指示：

1. 軍人乘坐小火車及公共汽車，均應照規定購半價案，
   由聯勤總部通令飭遵。

2. 聯勤總部將自行車加以清查，如尚有存儲，可分發
   各單位傳令兵乘用。

3. 各單位應儘量利用自己車輛以供傳令之用。

4. 應接受外人批評，不必事事更正，報紙記載失真社
   會自然明瞭。

五、第六廳報告

　　預算財務司報告本廳主持會商本部科學專家研究
　　員補助辦法尚須研究補充一案，請預算財務小組
　　早日會商決定，盼勿因獎勵發明等之規定，遲延
　　本案之解決。

部長指示：

獎勵發明與研究補助，性質不同，可分別辦理。

六、預算局報告

　　轉業訓練經費六百億，經奉主席批准，但財務署
　　迄未領到，各省催款甚急，財務署不能墊支，擬
　　請部長催促。

部長指示：

照辦。

七、總長代預管處報告

　　1. 預管處已奉准由蔣經國氏代理。

2. 青年軍復員情形大體尚好，一部尚未完成，北平派到機關服務者，尚未獲得工作，冬季來臨，已飭由補給區發給棉服。

3. 青年軍復員入大學者，原擬由各大學負責審查收容，繼規定由中央審查，目前交通、經濟均極困難，集中審查不易，近一面與教育部商洽，擬仍由各校審查，一面已請各大學先行收容，至未決定以前之費用，本部均可負責，北大胡校長等均甚贊同，教育部或可同意。

八、部長報告

1. 今夏廬山政工會議，主席批准綏靖區施政綱領，根據綱領產生綏靖區政務委員會，此機構純為辦理收復區，非省政府力量所能辦理之一切善後問題，茲將施政綱領大要報告如下：

(1) 綏靖區施政之主旨，在求安定社會秩序、解除人民疾苦、恢復行政機構、發展民權、扶植民主，以加速三民主義之徹底實行。

(2) 綏靖區土地問題之處理，乃行政最緊要之措施，因奸匪施行其所謂土地革命，致使地籍紊亂，現經釐定收復區土地處理辦法，其大要如次：

（一）綏靖區內之農地，其所有權人為自耕農者，依原證件或保甲鄰人之證明，收回自耕；

（二）其所有權人非自耕農者，在政府未依法處理前，准依原有證件或保甲鄰人證

　　　　　明，保持其所有權，但應由現耕者繼續
　　　　　佃耕；

　　（三）經奸匪非法分配，地主失蹤或無從恢復
　　　　　原狀者，一律由縣政府徵收，依法估定
　　　　　地價折合農產物發行土地債券，給予合
　　　　　法所有人，分年補償，被徵收之土地，
　　　　　應依據原有土地權利證件向縣府聲請領
　　　　　收補償；

　　（四）綏靖區內之佃租額，不得超過農產正產
　　　　　物三分之一，較之二五減租尤為合理。

　　(3)金融方面，凡非法發行幣券一律停使，由中
　　　央銀行分區指定負責行配給大小額鈔券以資
　　　流通，或委託各國家銀行及省地方銀行，隨
　　　軍事進展設立金融機構，辦理小本借貸或救
　　　濟赤貧。

　　(4)軍民食糧，應由田糧機關負責統籌，作有計
　　　劃之調劑補給，對於存糧，除按人口所需予
　　　以充分保留外，餘糧可以現款收購，如係非
　　　法徵存者，則收為軍糧應用。

　　(5)關於救濟，由社會部與救濟總署負責，隨軍
　　　推進舉辦醫藥衛生及其他之福利事業。

　　(6)教育方面，已由教育部改正課本，各級學校慎
　　　選師資，奸匪佔領時代之教師，應加訓練。

2. 自廬山會議迄今，因為各種困難問題所遲延，
　今始逐漸開展工作，就中當以經濟為尤要，第
　一次撥款只五百億，而區域廣大，事事需錢，

亦頗費周章也。

3. 綏靖區之劃分，曾由三廳、新聞、民事兩局會同本人研究，經決定劃分原則，為受匪患最深者劃入區內，較輕者均由省府辦理，計劃分為蘇北、皖東、豫北、魯東、魯西、晉北、晉東南、察、熱、冀東等各區，共計約一百二十縣。

4. 奉主席指示，省建制不能分割，綏靖區督促省府人員規復其行政秩序，上有政務委員會，下有人民服務總隊、青年軍等之協助，以不設立行署為當。

5. 國防部應如何協助綏靖區政務委員會之工作，以達成使命，為各單位所應注意研究者，剿匪仍要七分政治三分軍事方可達成目的，尤以經濟問題為重要，目前收復各地，殘匪未清，可見政治工作不夠，黨團亦必須隨軍隊之進展以開拓工作，使諸種力量配合，始可收效，建立地方之基層政治，實為當務之急。

參、討論事項

一、為擬具招待新聞記者辦法提請公決案（新聞局提）

決議：

新聞局與中宣部商洽，如本部各單位有須向社會公佈之事件時，可參加該部記者招待會，本部不固定舉行。

肆、指示事項

無。

第十二次部務會報紀錄

時　　間：三十五年十一月二日上午九時至十二時

地　　點：國防部會議室

出席人員：國防次長　　　　林　蔚　劉士毅　秦德純

　　　　　參謀次長　　　　劉　斐　郭　懺

　　　　　部長辦公室　　　馮　衍　湯　垚　郭安仁

　　　　　總長辦公室　　　郭汝瑰

　　　　　陸軍總部　　　　林柏森

　　　　　空軍總部　　　　周至柔

　　　　　海軍總部　　　　周憲章

　　　　　聯勤總部　　　　黃鎮球　陳　良

　　　　　各廳局處　　　　錢卓倫　鄭介民（張炎元代）

　　　　　　　　　　　　　張秉均（王　鎮代）

　　　　　　　　　　　　　楊業孔　方　天　錢昌祚

　　　　　　　　　　　　　鄧文儀　劉　翔　杜心如

　　　　　　　　　　　　　趙志垚　彭位仁　吳　石

　　　　　　　　　　　　　徐思平　晏勳甫　陳春霖

　　　　　　　　　　　　　劉慕曾　蔣經國（賈亦斌代）

　　　　　中訓團　　　　　黃　杰

　　　　　首都衛戍司令部　湯恩伯

　　　　　憲兵司令部　　　張　鎮

　　　　　部本部各司　　　馬崇六　何孝元　華振麟

　　　　　　　　　　　　　趙　援　鄭　澤　蔣廷樞

　　　　　　　　　　　　　劉逸奇　黎國培　廖行芳

　　　　　　　　　　　　　趙學淵

主　　席：部長

紀　　錄：裴元俊

會報經過
壹、檢討上次會報實施程度
一、修正紀錄

部長報告 (1) 項中「扶植民生」生字誤為主字。

二、聯勤總部報告

呈請國府通令全國機關，禁止文職公務員及民眾學生穿著與軍人同樣制式服裝案，聯勤總部已交辦。

三、憲兵司令部報告

特勤處汽車肇禍案正偵查中。

部長指示：

務認真清查。

貳、報告事項
一、民事局報告

查戰地政務，為民事局執掌，綏靖區政務委員會開會，本局可否參加？請示。

部長指示：

應參加。

二、保安局報告

此次奉令出發慰勞傷兵及視察保安團隊，除另有書面詳細報告外，茲將大要報告如次：

　1. 傷兵醫院辦理成績優良者，應予獎勵，如漢口、新鄉、冤縣三處醫院，醫護傷兵極具成績。

2. 陝西鳳翔有一醫院，設備醫療均極簡陋，容傷兵七十餘人，經長久之治療，不能告愈，傷兵痛苦不堪言狀，似可將西安陸軍醫院加強設備，移往治療。

3. 鐵路交通秩序，紊亂不堪，亟應改良，似可通知主管當局，對路政切實整理。

4. 保安團隊，曾將經視察五省，茲將各省情形大要列舉如下：湖北一般情形尚好，曾經視察所得部隊弊病，面告萬主席，極為採納，允以三月為期，加以改正；河南情形最為複雜，原有保安團隊達一百八十餘團，雖經歷次命令整編，現仍有九十餘團之眾，人民負擔太大，且軍風紀不易維持，以之防匪，力量復不充分，已商請省府及顧兼主任從嚴整頓；陝西近呈請整編，以作戰關係，未蒙奉准，惟查其並無重要任務，擬請仍准整編；山東保安團隊亦應速予整編，其使用於魯南有八個團但無多大作為；江蘇，蘇北有一個團，近聞行政院准其新成四個團，似可在江南成立，而將江南原有三個團調至江北，則於剿匪或尚有裨益。

綜合各地方意見，對整理保安團隊均盼望中央有整個計劃，並希望能於短期召集一全國保安會議，對保安團隊得一適當之統一整理辦法，其次各省設立自衛隊已有十一省實行，惟接行政院規定自衛隊係以不脫離生產為原則，但各省有藉此名目成立經常有武器之部隊，則擾亂社會，妨礙

兵役，關係至大。

劉次長報告：

剿匪如欲成功有三條件：一、大股匪由國軍負責擊破，二、小股匪由保安團隊負責清剿，三、政治要使人民不匪化，三者配合，則剿匪始可收全功，目前國軍可以達成其任務，而保安團隊與地方政治則不能如所期許，保安團隊應責成各省主席負責辦理，其數量不能超過原有規定，否則人民痛苦不堪。

聯勤總部陳副總司令報告：

東北內蒙及關內各省請求補助保安團隊經費糧服情形（略）。

部長指示：

保安團隊及自衛隊之整理由保安局主辦，並由兵役局、聯勤總部提供意見擬具方案提下次部務會報報告。

三、預算局報告

1. 明（卅六）年預算案已由主計處召開審查會，經林次長出席說明編造情形，已決由主計處轉呈主席核示，預算局長並曾謁宋院長報告明年預算編造情形。

2. 三十五年追加預算呈出者計共七千餘億，均未奉批示，尚有追加四百餘億不日即可呈出，未批准之七千餘億中有因事實需要業已墊支者，故目前經費感到非常困難，近奉林次長諭已簽呈主席請求批准追加。

林次長報告：

1. 主計處對本部明年預算編報方式甚為同意，明年預

算七萬億實已為不可再核減之數字，惟以目前物價
波動情形，則明年預算仍不敷用，公務員加薪實為
激動物價高漲最大原因，故行政院似宜在實物補給
福利方面著眼。

2. 三十五年追加預算案，已就未批之項目中將緊要部
分提出七、八項請主席、院長先予批准。

總長指示：

現列預算七萬億已減無可再減，關於物價高漲公務員調
整待遇，軍人亦應調整，事業部分無法預算應隨時追
加，其次船隻、飛機、車輛之補充，亦應專案呈請，以
上可於開會時提出報告。

參、討論事項

一、為軍用文職人員退職後復任軍職問題，根據目前
情形擬具補救辦法案（第一廳、軍職人事司、副官
處提）

決議：

辦法中增加如已退職人員尚需復任軍職時應繳回其所領
退職金一項，通過。

二、修正本部第六廳所提擬訂專家研究員研究補助費
辦法草案（預算財務檢討小組提）

決議：

通過，辦法草案修正如次：

（一）「國防部科學專家研究員支『研究』補助費辦
法草案」，「研究」二字刪除。

（二）第三條「……有科學研究經驗在專家研究員指導

之下……」修正為「……有科學研究經驗在指
定範圍內……」。

（三）第八條修正為「凡研究科學發明有利於國防者，
得依照陸、海、空軍獎勵辦法獎勵之」。

三、報告三十六年度夏季主要服裝審查經過敬請公決
案（經理署提）

決議：

1. 明年夏季主要服裝之品種及制式照甲案辦理。

2. 雨衣、鞋襪、綁腿、水壺照所擬辦理。

肆、指示事項

一、奸匪佔領尚未收復地區，新聞局可根據修正綏靖
施政綱領擬具宣傳品用飛機發散。

二、新聞局所擬政工手冊，多有與行政院所頒法規相
牴觸者，應加修正。

第十三次部務會報紀錄

時　　間：三十五年十一月九日上午九時至十二時

地　　點：國防部會議室

出席人員：國防次長　　　　劉士毅　秦德純

　　　　　參謀次長　　　　劉　斐　方　天

　　　　　部長辦公室　　　湯　垚　馮　衍　郭安仁

　　　　　總長辦公室　　　郭汝瑰

　　　　　陸軍總部　　　　林柏森

　　　　　空軍總部　　　　周至柔

　　　　　海軍總部　　　　周憲章

　　　　　聯勤總部　　　　黃鎮球　陳　良

　　　　　首都衛戍司令部　湯恩伯

　　　　　中訓團　　　　　黃　杰

　　　　　憲兵司令部　　　張　鎮

　　　　　各廳局處長　　　錢卓倫　鄭介民（張炎元代）

　　　　　　　　　　　　　張秉均（王　鎮代）

　　　　　　　　　　　　　楊業孔　劉勁持

　　　　　　　　　　　　　錢昌祚　李樹衢

　　　　　　　　　　　　　劉　翔（童　鑣代）

　　　　　　　　　　　　　杜心如　趙志垚

　　　　　　　　　　　　　彭位仁　吳　石（戴高翔代）

　　　　　　　　　　　　　魏汝霖　晏勳甫　陳春霖

　　　　　　　　　　　　　劉慕曾　蔣經國

　　　　　部本部各單位　　何孝元　趙　援　鄭　澤

　　　　　　　　　　　　　華振麟　劉逸奇　趙學淵

蔣廷樞　黎國培　廖行芳

馬崇六

主　　席：部長

紀　　錄：裴元俊

會報經過
壹、檢討上次會報實施程度
一、修正紀錄

保安局報告 1. 項「冤縣」改為「眉縣」。

二、聯勤總部報告

西安陸軍醫院，加強設備，並將鳳翔傷兵七十餘人移往治療案，已交辦。

貳、報告事項
一、海軍總部報告

1. 美國海軍次長 Mr. W. Kenney（肯尼）率領高級官員九人，將於九日到達上海視察，可能到京及青島一行，此次任務，為視察太平洋基地。

2. 上海報告，吳淞口外，泊有日本第四日力丸一艘，未懸日旗，但為日人駕駛，是否進口，尚不可知，經與外交部商妥，由海關檢查詳情，暫不取任何行動，至前次進入上海港之日船六艘，已由外交部電駐日代表團，向盟軍總部提出交涉矣。

3. 英艦 Alacrity（輕快號），到大沽後，請求開入天津，經與外交部會商，均以外艦駛入內河，

　　　　　極宜避免，未准所請，恐英國將來提起此事，
　　　　　特提出報告。
　　　4. 軍籍服裝，關係國家體制，此後國防部，互調
　　　　　陸、海、空軍人員之軍籍、官階、服制，是否
　　　　　保持原有者，請示！

副官處報告：

1. 各單位調用海、空軍人員，均未按編制階級，仍保
　持原有階級任用。

2. 空軍總部，調國防部服務人員，在空軍總部，仍保持
　附員名義，國防部又委任參謀，似應只有一個名義，
　並其薪餉，究仍由空軍總部，抑由服務機關發給。

空軍總部報告：

1. 改組後，國防部各單位編制，所列空軍階級均甚高，
　空軍無此項人員，故曾經與郭次長商，於此過渡期
　間，由空軍總部於每單位派聯絡人員。

2. 薪餉待遇，似應由空軍總部發給為便。

第六廳報告：

各單位編制上人員，規定為陸軍人員，如因需要海、空
軍人員時，應請准予委用，其階級仍保持其原有者。

部長指示：

1. 空軍人員，調在國防部服務者，仍為空軍總部官附
　等原名義，國防部各單位不另發表職務。

2. 底缺在空軍者，薪餉待遇仍由空軍總部發給，底缺
　屬各單位者，即由各單位照原有階級支薪。

3. 各軍種人員互調服務，應保持原有軍籍、官階及其
　服制。

4. 國防部為聯合陸、海、空軍之組織,改組之意義即在於此,1.2.兩項均屬目前權宜辦法,爾後應努力達到三軍融合一體之要求。

二、聯勤總部報告

1. 海軍總部夏服三十一億餘元,早已如數墊付,冬服據報共需六十餘億元,已墊付四十億元,海軍服裝,需費頗鉅,預算尚未奉准,墊支極感困難,以後海軍(空軍)籌製服裝,如需聯勤總部付款者,務須事先商妥辦理。

2. 美顧問麥克里建議我國應即建設現代化最新之糧服廠各壹所,並願協助一切,本部正在會同積極研究計劃中,一俟計劃完成,再行請示實施。

海軍總部報告:

前奉總長指示,凡非海軍出身人員,仍著陸軍服裝,則較節省。

部長指示:

各服仍照陳總長指示辦理,較為省費。

三、中訓團報告

陸大受訓將官,批准二百四十員,刻正遴選中,訓練地址原擬在中訓團內,繼以徐教育長意見,中訓團與陸大教育,方式不一致,設備亦不同,甚望在湯山原砲兵學校原址開辦,近已有一百二十人之設備,但以陸軍總部林參謀長意見,砲兵教育設備毀棄甚覺可惜,擬請將湯山原彈道研究所(現在聯勤總部教官訓練班使用)房屋,撥給陸大,可設備一百二十人用之房舍(聯勤總部教官訓

　　練班可移中訓團內）。

部長指示：

由聯勤總部召集砲校、陸大、陸軍總部會同偵察後決定。

四、第二廳報告

　　據報蘇北魯南，各收復區，各縣府所組織之還鄉
　　隊，均原為奸匪區內被鬥爭而流亡者，返鄉者，多
　　不擇手段任意報復，擅用私刑，隨意殺戮等情形，
　　以致收復區，壯丁四處逃逸，或隨奸軍逃竄，擬請
　　懇由民事局主辦，通飭嚴禁，非法報復，任意殺
　　害，如認為有奸匪嫌疑，應依法律手續辦理，或
　　呈請行政院通飭省府轉飭遵照。

部長指示：

綏靖區政務委員會，已有禁止報復辦法頒行，可再通令
飭遵。

五、預算局報告

　　轉業訓練經費，曾謁宋院長報告，請求發給，尚
　　無結果，現各省催款甚急，明年伸算亦不能列
　　入，請示辦法。

部長指示：

當再催請。

參、討論事項

一、修訂三十六年度夏服給與品量案（聯勤總部提）

決議：

照所擬辦理，惟便帽上，應加國旗帽花。

二、嚴禁各單位張掛有關機密圖表以重保密案（第二
　　廳提）

決議：

通過，由第三廳承辦通令，各單位遵照。

三、為配合建軍建警起見擬具整理充實各省保安部隊
　　方案（保安局提）

決議：

由保安局召集各有關單位，再加修正呈核，並與內政部
洽商後，將召各省主席會商。

四、准新運促進總會代電囑本部組織新生活運動委員
　　會由（特勤處提）

決議：

保留。

五、擬請決定本部現行組織系統編制及業務職掌檢討
　　辦法案（第一廳臨時動議）

決議：

各單位（廳、局、署、處、司、司令部）檢討意見，限
一週呈出，部本部所屬各單位，交部本部指定之單位彙
集，參謀部各單位交第五廳彙集，各總部所屬各單位，
交各總司令部彙集，並均限一週彙集整理完善後，送部
長指定之次長作總檢討。

肆、指示事項

一、部長指示

　　　1. 上次會報，林次長報告公務員加薪，實為刺激
　　　　物價高漲最大原因，行政院宜在實物補給福利

方面著眼一案，聯勤總部，以部長名義，簽具
意見，呈行政院參考。

2. 凡志願退役軍官，而暫不需留用者，可儘量使
其退役，中訓團及第一廳核辦。

3. 陸海空軍禮節，由第五廳主持，各總部派員參
加，加以修正。

二、總長指示

1. 倉庫儲備物資，極端重要，庫存物品，配發
時，應將存儲較久者先發。

2. 在寒帶地區部隊，對其衣食，應特別注意改進。

3. 經理署，將服裝會議經過、決議等，書面呈報
部長。

4. 新制式領章肩章，決定自明年六月份起實行佩帶。

5. 軍政部接收敵偽物資，其範圍與行政院所規定
不符，清查團極望能與行政院有整個之解決，
由聯勤總部會預算局簽擬辦法呈核。

6. 處理物資，應考慮如需呈報者，仍應呈准後始
可處理，以免將來手續麻煩。

7. 國大會議作戰經過報告業經閱過一遍，將來擬
以書面提出，關於報告內有應改正者：

(1) 內容再酌量充實。

(2) 設施部份可以省略。

(3) 政略檢討部分可以省略。

(4) 受降部分，可以充實，對國軍兵力佈置調動均
以迅速解除敵人武裝為原則一項，應加強調。

(5) 接收敵人武器裝具之處理部分，尚應稍充實。

第十四次部務會報紀錄

時　　間：三十五年十一月二十三日午後八時至十時三十分
地　　點：國防部會議室
出席人員：國防次長　　　　秦德純　劉士毅
　　　　　參謀次長　　　　郭　懺　方　天
　　　　　部長辦公室　　　湯　垚　馮　衍　郭安仁
　　　　　總長辦公室　　　錢卓倫　顏逍鵬
　　　　　陸軍總部　　　　林柏森
　　　　　空軍總部　　　　周至柔（徐煥昇代）
　　　　　海軍總部　　　　周憲章
　　　　　聯勤總部　　　　黃鎮球　黃　維　陳　良
　　　　　各廳局處長　　　劉雲瀚　鄭介民（張炎元代）
　　　　　　　　　　　　　張秉均　楊業孔
　　　　　　　　　　　　　郭汝瑰　錢昌祚（吳欽烈代）
　　　　　　　　　　　　　鄧文儀（李樹衢代）
　　　　　　　　　　　　　劉　翔（鄭桓武代）
　　　　　　　　　　　　　杜心如（張　桓代）
　　　　　　　　　　　　　趙志垚　彭位仁
　　　　　　　　　　　　　吳　石（戴高翔代）
　　　　　　　　　　　　　徐思平　晏勳甫
　　　　　　　　　　　　　陳春霖　劉慕曾
　　　　　　　　　　　　　蔣經國（賈亦斌代）
　　　　　首都衛戍司令部　萬建蕃
　　　　　中訓團　　　　　黃　杰
　　　　　憲兵司令部　　　張　鎮

部本部各單位	何孝元　趙　援　馬崇六
	鄭　澤　華振麟　廖行芳
	劉逸奇　黎國培　吳邦政
	劉詠堯　羅高華

主　　席：部長

紀　　錄：裴元俊

會報經過

壹、檢討上次會報實施程度

一、聯勤總部報告

　　砲兵學校卒業後，可容陸大乙級將官班一百二十

　　人住用。

陸軍總部報告：

砲校陸大住用後，該校練習團到京後，請聯勤總部準備

帳幕應用。

聯勤總部答復：

帳幕已交製，兩月後可以發給。

二、第五廳報告

　　修正陸、海、空軍禮節案，正辦理中。

貳、報告事項

一、特種計劃司報告

　　日本兵工廠、民營軍需工廠，拆遷作賠償案，本

　　部須於十二月十日以前向行政院賠償委員會，提

　　出整個計劃，以便作合理之支配，擬請由次長秦

　　召集有關單位開會研討。

部長指示：

由秦次長召集有關單位於下週星期二（十一月二十六日）午後八時開會研討，由特種計劃司負責通報。

二、軍職人事司報告

1. 部本部在各單位搜集有關業務資料由參事室彙編目錄，開始蒐集，擬請各單位指示各主管人員，儘量提供。

2. 本人奉命慰勞東北傷兵，熊主任及杜長官對慰勞工作，提有兩項意見：

第一，此後可由慰勞人員，攜帶獎章，就近頒給，此種精神之慰勞，較之金錢物品為大；

第二，請中央將勛獎章，發交各行轅、綏署、長官部，俾於每一戰役後，即可適時予以獎勵，事後呈報備案。

副官處答復：

勛章例由中央頒給，獎章已分發六萬餘枚至各行轅、綏署、長官部，並規定於頒給後呈報備案。

部長指示：

資料蒐集，各單位應儘量協助。

三、空軍總部報告

1. 現各盟國正由外交途徑向我國要求航空通航，聞即將逐步簽約，查：（一）我國尚無民航法規可循，實行後因限制無所準據，難免有喪權之處；（二）我國民航尚無組織；（三）設備不全，各國難免自行設備，將招致糾紛，因關對外主權

問題，特報告部長，供出席院會之參考。

2. 飭檢討編制執掌，規定應在不增加人員不提高階級之原則下研究改進，查各級單位人數設置，應根據科學方法分析各種業務需要加以規定，如憑估計先硬性規定人數，當難與需要相符；又職權方面，經與美方研究，國防部只宜決定大方針，律以預算範圍即足，關於空軍內部之編制運用，乃空軍本身隨軍事進步與環境需要，自行決定之業務。

第五廳報告：

此項檢討，係上次部務會報決定，特重劃清權職；至於員額與階級之限制，係遵總長指示，人員應減少，階級應降低，依法編制由第五廳審議，目的在控制預算，各單位為確實遂行其業務計，均望增加人員，但在整個組織上，人員增加，預算亦必隨之加大，在軍費奇絀之現況下，不能不加考慮。

郭次長報告：

關於經費問題，曾開小組會議，目前困難萬狀，每月虧累至鉅，追加預算迄未領到，二、三日內當有詳表呈部長，目前除盡量縮緊而外，別無他法。

部長指示：

檢討編制，自以緊縮而能達成任務為原則；惟我國海空軍為建立基礎與國防需要，應盡財力許可加以建設，當可增加編制，至劃清各單位職權一層，檢討時最為緊要。

四、海軍總部報告

永泰艦在煙台附近捕獲匪方汽船一艘，據報係向

蘇聯租借，正飭查報中。

指示：

如可能望攝影呈閱。

五、中訓團報告

美駐軍任意在京設置通信機關，似應有所規定，以重主權。

指示：

由憲兵司令部調查在京盟國通信機關呈閱，以憑處理。

六、史料局報告

資料蒐集，史料局辦理困難，現所缺戰史材料甚多，因逾時已久，人移事異，無法蒐集，故目前對現有材料特別注意保持，請各單位按照本局通報，儘量提供。

參、討論事項

一、徵用德國技術人員辦法案（特種計劃司提）

決議：

本案保留。

二、國防部接見外賓辦法（第二廳提）

決議：

交法規司會有關單位審查。

三、請議定官佐肩領章及士兵臂章配發辦法案（聯勤總部提）

決議：

由聯勤陳副總司令召集軍職人事司，第一、四、五廳，副官處，陸軍總部會商，提下次會報決定。

肆、指示事項

無。

第十五次部務會報紀錄

時　　間：三十五年十二月七日午後四時至六時三十分

地　　點：國防部會議室

出席人員：國防次長　　　　林　蔚　劉士毅

　　　　　參謀次長　　　　郭　懺　方　天

　　　　　部長辦公室　　　馮　衍　郭安仁

　　　　　總長辦公室　　　錢卓倫　顏逍鵬

　　　　　國防科學委員會　徐庭瑤（羅高華代）

　　　　　陸軍總部　　　　林柏森

　　　　　空軍總部　　　　王叔銘

　　　　　海軍總部　　　　桂永清　周憲章

　　　　　聯勤總部　　　　黃鎮球　陳　良

　　　　　各廳局處　　　　劉雲瀚　鄭介民（張炎元代）

　　　　　　　　　　　　　張秉均　楊業孔

　　　　　　　　　　　　　郭汝瑰　錢昌祚

　　　　　　　　　　　　　鄧文儀　劉　翔（廖濟寰代）

　　　　　　　　　　　　　杜心如（張　桓代）

　　　　　　　　　　　　　趙志垚　彭位仁

　　　　　　　　　　　　　吳　石　徐思平（鄭冰如代）

　　　　　　　　　　　　　晏勳甫　陳春霖

　　　　　　　　　　　　　劉慕曾　蔣經國（賈亦斌代）

　　　　　中訓團　　　　　黃　杰

　　　　　首都衛戍司令部　萬建蕃

　　　　　部本部各司　　　劉詠堯　馬崇六　趙　援

　　　　　　　　　　　　　錢詒士　鄭　澤　華振麟

劉逸奇　廖行芳　黎國培
趙學淵

主　　席：部長
紀　　錄：裴元俊

會報經過
壹、檢討上次會報實施程度
一、修正紀錄

報告事項二、副官處答復「獎章已分發六萬餘枚至各行轅綏署長官部」一句修正為「抗戰紀念章及獎章已分發至各行轅綏署長官部」（副官處）。

二、中訓團報告

抗戰紀念章，行轅綏署對各軍官總隊未予發給，現紛紛請求由團發給，擬請補發。

第一廳報告：

各軍官總隊，已發二百枚，如各員均予補發，原製不敷分配，尚需另製，復員軍官應發復員紀念章正籌製中，是否二者均予發給。

部長指示：

抗戰紀念章與復員紀念章二者性質不同，軍官總隊參加抗戰各員，抗戰紀念章仍應發給，由副官處趕辦。

三、劉次長（士毅）報告

盟國向我要求簽訂航空通航案，行政院院會時，交通部曾提出最近英國向我要求通航，外交部王部長則謂應先由國防部研究，本部對航空通航意見，應通知交通部。

祕書室答復：

業已辦理。

四、聯勤總部報告

　　肩領章配發案，已審查完畢，簽請核示中。

貳、報告事項

一、部長辦公室報告

　　革命遺族學校募捐基金一案，特勤處錢處長面
告，擬以部長、總長名義各捐一千萬元，各次長
各一百萬元，正簽請核示中，當經轉報部次長，
以遺族就學，有普遍性，應有整個計劃，由主管
機關推動，至於捐款如屬必需，亦應以國防部名
義捐送為宜，奉諭提會報告。

部長指示：

1. 由馮副主任查詢遺族學校狀況。

2. 遺族就學原有優待辦法，由陳副總司令查明。

兩項均於下次會報提出報告。

二、法規司報告

　　審查本部接見外賓辦法（書面報告）。

三、海軍總部報告

　　1. 美海軍武官非正式通知，謂我外交部頃通告各
國，凡外輪來中國海岸，應於十天前通知，此
項限制，於美國助我運輸遣俘及訓練海軍，甚
感不便。

　　2. 此次編制業務職掌檢討，海軍總部因辦理全國
海軍業務，原編制僅四百人，實不敷應用，此

次檢討，是否包括員額之增加。

第二廳說明：

外輪來我國海岸須於十天前通知一事，係奉行政院命令，本部曾轉外交部，惟條文內末尾之第二條對美國因助我運輸遣俘及訓練關係，不在此限制之內，此項誤會係外交部未將該項條文特別轉知美方之故。

部長指示：

1. 限制外輪來我國案，由二廳電告外交部，將美方不在限制內之條文轉知美方，以免誤會。

2. 海軍總部對員額增加，可包括在檢討之內。

四、新聞局報告

　　1. 黨員特別捐案，擬軍官佐每人捐五百元，可得二億元，分別由財務署及各總部扣繳，預計三十六年二月底可以完成。

　　2. 京市黨部規定本部黨員成立區黨部，經召集籌備會議，決議各項用書面報告。

　　3. 國防部組織法，國防最高委員會開會時，因部長、總長未出席，尚未討論。

　　4. 青年軍明年開始訓練，奉主席手諭，應教授外文及普通科學，現無此項教官，擬招考大學生一千名先加短期訓練，擔任教官。

部長指示：

1. 黨員特別捐照前次決議辦理。

2. 軍人黨員如何參加黨部組織案，俟提中常會討論後再決定，新聞局注意辦理。

3. 國防部組織法，請陳總長出席國防最高委員會說明。

五、預算局報告

　　三十六年預算辦理情形（略）。

部長指示：

由預算局以部長名義將三十六年預算詳細情形加以節略，呈報主席、行政院備查。

參、討論事項

一、部長交議本部組織職掌業務檢討進行順序意見案

決議：

仍照前次決議，各單位檢討後均送第五廳，俟彙齊後提出報告。

二、本部日曆特別自行印製案（總長辦公室提）

決議：

本案保留。

三、擬具各廳局承辦部長、總長稿蓋用部長、總長印信簡化手續辦法案（第二廳提）

決議：

通過。

肆、指示事項

無。

第十六次部務會報紀錄

時　　間：三十五年十二月二十八日上午九時至十二時

地　　點：國防部會議室

出席人員：國防次長　　　　林　蔚　秦德純　劉士毅

　　　　　參謀次長　　　　郭　懺　方　天

　　　　　部長辦公室　　　馮　衍　郭安仁　張鶴齡

　　　　　部本部參事室　　湯　垚

　　　　　總長辦公室　　　顏逍鵬　錢卓倫（張敔濂代）

　　　　　陸軍總部　　　　林柏森

　　　　　空軍總部　　　　王叔銘

　　　　　海軍總部　　　　桂永清

　　　　　聯勤總部　　　　黃鎮球　黃　維　陳　良

　　　　　國防科學委員會　徐庭瑤（羅高華代）

　　　　　各廳局處　　　　劉雲瀚　鄭介民（張炎元代）

　　　　　　　　　　　　　張秉均（王　鎮代）

　　　　　　　　　　　　　楊業孔（梁筱齊代）

　　　　　　　　　　　　　錢昌祚（吳欽烈代）

　　　　　　　　　　　　　鄧文儀（李樹衢代）

　　　　　　　　　　　　　王開化　杜心如　趙志垚

　　　　　　　　　　　　　彭位仁　吳　石　徐思平

　　　　　　　　　　　　　晏勳甫　陳春霖（曹　啟代）

　　　　　　　　　　　　　劉慕曾　蔣經國（賈亦斌代）

　　　　　中訓團　　　　　黃　杰

　　　　　首都衛戍司令部　湯恩伯

　　　　　憲兵司令部　　　張　鎮

部本部各司　　何孝元　鄭　澤　趙　援

華振麟　趙學淵

馬崇六（李鴻毅代）

蔣廷樞　廖行芳　劉逸奇

黎國培

列席人員：兵役局鄭冰如

主　　席：部長

紀　　錄：裴元俊

會報經過
壹、檢討上次會報實施程度

貳、報告事項
一、部長辦公室報告

遺族學校現況（書面報告）。

部長指示：

請遺族學校提出預算由國防部核發，同人不必捐款。

二、法規司報告

憲法公布日起現行法令與憲法相牴觸，應迅速分別予以修改或廢止，有關單位均請注意（書面報告）。

三、特種計劃司報告

奉部長諭：日本賠償物資處理討論第三次會議，定本日午後開會，其討論事項如次：

1. 國防部各單位最近所擬日本工業機器賠償計劃之審訂。

2. 國防軍需工業建設之政策。

　　3. 國防部對軍需工業建設款項之籌措。

部長指示：

會議改為下星期二（十二月三十一日）午後二時舉行
（特種計劃司辦）。

四、總長辦公室報告

　　本日附發部務會報一至十次檢討表，係根據各單
　　位所報主管業務按已辦，或已辦尚未完成，或未
　　辦原因檢討，其屬於一般通案之已辦事項，概未
　　列入。

部長指示：

檢討表各單位帶回自行詳細檢討。

五、中訓團報告

　　元旦日本部是否舉行團拜，地點、時間及參加單
　　位請示決定。

部長指示：

三十六年元旦，定是日上午八時在大禮堂前操場舉行
（如遇雨改在大禮堂）團拜，本部所屬各單位及各總司
令部、衛戍司令部、中訓團均參加，儀式由特勤處、新
聞局擬定（特勤處辦理）。

六、服役業務處報告

　　1. 軍官佐屬一次退除役（職）金原以奉給半數配
　　　　合階級年資發給，本（卅五）年七月份調整給
　　　　與時，奉令三十五年年終所有退除役（職）給
　　　　與，均照七月份規定發給，全部退除役（職）
　　　　及轉業退役所需經費，均經呈報行政院，除轉
　　　　業退役金一三一二億尚未核示外，退除役（職）

金奉准一〇七一億，未批下二〇二億，本處領到八五〇億，已匯發八五〇億，存財務署一九〇億，尚有二〇六億未奉發，原預定於十二月底以前必須將退除役（職）及轉業訓練期滿者之經費一律發清，現已無款，擬請行政院緊急發款，以免延到明年，困難更大。

2. 關於轉業退役金之發給，預算局曾召集會議，其法定為 (1) 硬性規定現在轉業退役金，仍照三十五年七月份給與核給；(2) 轉業退役人員限十二月底以前辦竣；(3) 本年度辦理收訓轉業退役人員，限三十五年十二月底辦完手續，並發清一次退役金，此項決定，與現在情況實施發生困難，現屆年終，明年是否仍照此決議辦理？請示！

預算局報告：

1. 原會議決定凡三十五年轉業訓練期滿者，其退役金即予發清，未訓練期滿者，先辦完退役手續，並擬通令均照七月份給與發給，軍官總隊長均曾同意，並呈報行政院請分期撥付。

2. 三十五年退除役（職）金及轉業退役金尚差二百餘億。

中訓團報告：

三十六年轉業退役金，如仍照三十五年七月份給與發給，困難甚多，應加考慮。

郭次長報告：

轉業退役金照七月份給與共需一千三百餘億，已編預算呈報在案，行政院本年不能撥付，則明年發給，勢不能

仍照七月份給與，應另行編送預算，預算局應注意辦理。

部長指示：

凡三十五年已核定退役（職）及轉業訓練期滿者，照三十五年七月份給與核發退役金，三十六年退役者，應俟另訂補救辦法，今年所差經費，當向行政院報告。

七、史料局報告

> 本部圖書館業於十一月間成立，按照規定業務行政由本局指導監督，館長一職，由史料局派兼，現奉派本局第一處副處長張公量兼任，並調社會部圖書館主任周宗渭為副館長，下設業務及管理兩組，共計官佐十八員，該館館址無著，經簽呈請示，尚未奉撥，除仍請聯勤總部迅予解決外，現係由本局暫時勻借房屋數間以為籌備成立之用，各項業務計劃，如圖書之徵集、採購、閱覽、供應、研究等，正積極規劃辦理中。

參、討論事項

一、為偽軍經改編者，是否受政院前頒之「偽組織或其所屬機關團體任職人員候選及任用限制辦法之限制案」，擬具意見，請公決由（軍職人事司、第一廳提）

決議：

由軍職人事司召有關單位再加研究，提下次會報報告。

二、三十六年是否仍停止官佐晉升一年，抑照人事常則辦理，擬具三案請公決由（第一廳提）

決議：照第三案辦理。

三、擬具國防部組織職掌綜合檢討委員會組織規則草
　　案請公決由（第五廳提）

決議：

修正通過如次：

第三條修正為：

檢討委員會以左列人員組成，並以國防次長一人為主任
委員。

國防次長　　　　一至二人

參謀次長　　　　一至二人

部本部　　　　　一至二人

參謀總長辦公室　一至二人

陸軍總司令部　　一至二人（副總司令或參謀長）

海軍總司令部　　一至二人（副總司令或參謀長）

空軍總司令部　　一至二人（副總司令或參謀長）

必要時得指定主管廳局司處及其他有關人員出席。

四、擬訂國防部專家研究員補助費審查小組，組織規
　　程一份請討論公決以便公佈施行案（第六廳提）

決議：

修正通過如次：

1. 第二條審查小組組織人員增加文職人事司、陸軍總
　 司令部、預算局、經理署各一人。

2. 第二條審查小組召集人改為國防部國防科學委員會。

3. 第六條（三十六年度規定三百人）刪除。

肆、指示事項

無。

第十七次部務會報紀錄

時　　間：三十六年元月四日上午九時至十一時

地　　點：國防部會議室

出席人員：國防次長　　　　劉士毅　秦德純

　　　　　參謀次長　　　　劉　斐　方　天

　　　　　部長辦公室　　　郭安仁　張鶴齡

　　　　　總長辦公室　　　車蕃如　張一為

　　　　　陸軍總部　　　　林柏森

　　　　　空軍總部　　　　周至柔（徐煥昇代）

　　　　　海軍總部　　　　周憲章

　　　　　聯勤總部　　　　黃鎮球　陳　良

　　　　　各廳局處　　　　劉雲瀚　鄭介民（張炎元代）

　　　　　　　　　　　　　張秉均（王　鎮代）

　　　　　　　　　　　　　楊業孔　郭汝瑰

　　　　　　　　　　　　　錢昌祚　鄧文儀

　　　　　　　　　　　　　王開化　杜心如（邢定陶代）

　　　　　　　　　　　　　趙志垚（紀萬德代）

　　　　　　　　　　　　　彭位仁　吳　石（戴高翔代）

　　　　　　　　　　　　　徐思平（鄭冰如代）

　　　　　　　　　　　　　晏勳甫　陳春霖（曹　登代）

　　　　　　　　　　　　　蔣經國（黎天鐸代）

　　　　　中訓團　　　　　黃　杰

　　　　　首都衛戍司令部　萬建蕃

　　　　　憲兵司令部　　　張　鎮

　　　　　部本部各司　　　華振麟（王正本代）

鄭　澤　趙　援　何孝元

馬崇六　劉詠堯　黎國培

劉逸奇　廖行芳　吳邦政

國防科學委員會　徐庭瑤（羅高華代）

主　　席：部長

紀　　錄：裴元俊

會報經過

壹、檢討上次會報實施程度

一、修正紀錄

  1. 報告事項第六、部長指示「……卅六年退役者……」修正為「……卅六年核定退役者……」（中訓團報告）。

  2. 討論事項第三檢討委員會組成人員，遺「聯勤總司令部一至二人（副總司令或參謀長）」。

二、服役業務處報告

  卅五年退除役（職）金，及轉業退役金，令限各軍官總（大）隊，於卅五年十二月底以前發清，但已經核定而無款可發者，尚約二百一十餘億元，擬請政院迅予撥發。

部長指示：

當再催辦。

貳、報告事項

一、海軍總部報告

  西南沙兩群島，在勝利前後，均迭經法、日等國

佔領，此次我海軍雖已派兵進駐，但有關船隻之航行建設，如燈塔、燈標等，尚未開始，為易取國際同情之承認，此項建設極為重要，查國內燈塔建築，向由海關辦理，該兩島孤懸海外，應否照例辦理？請示！

部長指示：

由海軍總部於一週內將該兩島形勢及應建設事項，編成報告呈閱，俾便召集外交、財政、有關各部研討。

二、憲兵司令部報告

京市學生近日請願情形（略）。

三、預算財務司報告

林次長書面報告：卅七年預算編成，及卅六年財務運用應注意之點。

部長指示：

1. 國家預算會議時，本人及陳總長、林次長及主管局署，均參加說明，政院核列本部卅六年預算不敷使用，實際情形，主席對預算指示原則有二：一、為軍費不能超過總預算百分之四十，二為總預算不能超過十萬億元，本部預算當無法增加，但蒙主席允准發給實物，應另編預算呈報。

2. 軍人待遇已蒙主席面允調整，希主管單位即日呈出方案。

陳副總司令報告：

1. 關於食鹽、燃料、豆類、花紗布等實物，各主管機關已按上下半年總人數標準編擬預算，並呈請不能在核定預算內扣款，各單位送交預算局彙編，已呈

送行政院。

2. 本（卅六）年度已核定預算各主管單位已作分配表，惟以確實不敷，擬請在年度開始之數月內先行支用，已送預算局彙辦。

3. 按照核定預算與應辦之事，擬確實列為統計表，呈報部長、總長，俾轉報院長主席。

4. 各部隊、機關、學校人馬之核實及單位之整編，金錢物品之節約等為今年主要應辦之事，擬與監察局及有關單位商討擬定實施方案後，呈報部長、總長核示。

5. 官兵調整待遇事，財務署已擬有方案依各地區物價高低，分別調整增加，正在呈核中。

中訓團報告：

軍人薪餉及文官待遇之增加，實為刺激物價上漲之最大原因，今後薪給基本數似可不變，採用生活補助費辦法，按各地區物價分別多少補助，則全體軍人薪餉一致，較為切實。

新聞局報告：

文官待遇已於十二月份調整，目下軍人盼望調整至為殷切，最好能於本月份實施。

參、討論事項

無。

肆、指示事項

新疆及西藏狀況（略）。

第十八次部務會報紀錄

時　　間：三十六年元月十一日上午九時至十二時三十分

地　　點：國防部會議室

出席人員：國防次長　　　　林　蔚　秦德純　劉士毅

　　　　　參謀次長　　　　郭　懺　方　天

　　　　　部長辦公室　　　馮　衍　郭安仁

　　　　　部本部參事室　　湯　垚

　　　　　總長辦公室　　　錢卓倫　顏逍鵬　張一為

　　　　　陸軍總部　　　　林柏森

　　　　　空軍總部　　　　章　傑　徐鳳鳴

　　　　　海軍總部　　　　周憲章

　　　　　聯勤總部　　　　黃鎮球　黃　維　陳　良

　　　　　各廳局處　　　　於　達　鄭介民（張炎元代）

　　　　　　　　　　　　　張秉均（王鎮代）

　　　　　　　　　　　　　楊業孔　郭汝瑰　錢昌祚

　　　　　　　　　　　　　鄧文儀　王開化　杜心如

　　　　　　　　　　　　　趙志垚　彭位仁

　　　　　　　　　　　　　吳　石（戴高翔代）

　　　　　　　　　　　　　徐思平（鄭冰如代）

　　　　　　　　　　　　　晏勳甫　陳春霖

　　　　　　　　　　　　　劉慕曾　蔣經國（黎天鐸代）

　　　　　中訓團　　　　　黃　杰

　　　　　首都衛戍司令部　萬建蕃

　　　　　憲兵司令部　　　張　鎮

　　　　　部本部各司　　　華振麟　趙　援　何孝元

鄭　澤　劉詠堯　馬崇六

黎國培　廖行芳　劉逸奇

吳邦政

國防科學委員會　徐庭瑤（羅高華代）

列席人員：郝恩綏　孫作人　董德成　楊繼曾

周元黻　張承愈　許孝焜　端木岩

黃家楨　胡思毅　穆　敏　蔡　湘

聶玉清　孫以勤　吳濂星　吳子漪

王原章

主　　席：部長

紀　　錄：裴元俊

會報經過

壹、檢討上次會報實施程度

一、服役業務處報告

三十五年退除役（職）金及轉業退役金欠領之二百一十餘億元，已於前日領到，昨日業已匯發。

二、海軍總部報告

西南沙兩群島之形勢及應建設事項報告，下星期一可呈出。

三、林次長報告

上次部務會報，本人因事未參加，今將預算問題補充報告如下：

1. 三十六年本部預算，原報數為七萬三千億元，現奉核定為五萬億元，內有一萬二千億為復員經費，餘三萬八千億中除五千億為代領轉發經

費外，本部可以支配之預算實為四萬五千億元，預算局已有分配擬案，其原則以生活為第一，作戰行動之所需為次，三為其他項目。

2. 今年預算不敷，補助之辦法，一為請求無償發給物資，二為行政上之補救，即核實與緊縮。

3. 參政會對本部預算之批評，其要點如下：

　(1) 人馬核實程度不夠。

　(2) 物資數量欠明確。

　(3) 編造技術欠優良，計算欠清晰。

4. 近與美方研究預算，及物資補給，其建議有二：

　(1) 預算有其本身之價值，必須注重。

　(2) 不輕易追加，不許可留用。

此二點為無人應積極改進，庶可發揮預算之精神。上週所發卅七年預算編成及卅六年財務運用應注意之點，不僅預算主管所應注意，各單位主管亦應研究，在三十六年之初即注意準備卅七年之預算，則將來辦理順利，預算精神可以樹立。

兵工署報告：

本年兵工預算不敷至鉅，又不能編列實物補給，補救之法一為就今年預算之製造品內，請上峰核定何者製造，何者停造；二為立即追加預算；三為國外購買，擬請決定辦法。其次行政院撥本部之加拿大子彈廠，及租借法案之火藥廠，機校移交之英國戰車廠，均無款籌建，應如何處理，亦請示決定。

部長指示：

主席官邸會報時，陳總長已將兵工製造預算不敷情形報告，主席面允可以增加，子彈、火藥及戰車三廠，均甚需要，由該署將建設費用，另編預算呈出，主席手令，於三月內裝置裝甲車一千輛，其材料及技術問題如何解決，由兵工署擬具計劃，定期再召集有關單位會商。

總長指示：

1. 主席手令撥車千輛裝甲，政院已允發給，由兵工署楊署長、運輸署郗署長會同接洽具領。

2. 武器彈藥，應力求制式化，以便補給，其方式不外一與英美一致，二為使用自造輕兵器，兵工署應擬計劃呈核。

貳、報告事項

一、總長辦公室報告

戴之奇師長靈柩，業已抵京，停放中國殯儀館，特勤處已準備公祭，其家屬尚未到京，本部擬定於本月十五日，舉行公祭，參加人員如何規定，請示！

部長指示：

定十五日舉行公祭，本部少將以上人員參加。

二、海軍總部報告

1. 預算內，海軍交通費，僅核列二十億，包含五金配件及修船費在內，與原列預算三百六十億相差至鉅，修船費是否可以增加。

2. 燃料只核列二十八億，亦不敷甚鉅，擬請實物

補給。

預算局答復：

交通費已與海軍總部預算主管洽妥可無問題，燃料已列入實物補給預算內。

三、中訓團報告

1. 軍官總隊編併狀況如下：

第十八軍官總隊，業已結束，第二、三軍官總隊正辦理結束中，第八與第七業已歸併，西安分團轄五個總隊，及十四、廿五兩總隊，原擬編併為兩個總隊，以人數甚多，請求暫編為三個總隊，第十九軍官總隊尚無報告。

2. 東北學員，在滬住留費，係本部明文規定，以前曾經發給，近有千餘人赴東北，主管單位，未明令規定停發以前，仍請發給，其次赴東北之交通工具，請早日籌妥，以免久滯滬上。

3. 本部發給各種物品，常未將中訓團列入，爾後擬請各單位注意。

4. 去年有部分退役人員，未奉到退役金及退役令尚留中訓團，擬請服務業務處與第一廳會商決定如何發給退役金，使早退役。

5. 上海分團地方行政人員訓練班定明日開學，武漢、重慶亦正籌備開學中。

聯勤總部答復：

住留費原係規定因公出差，單獨在某地住留十五日以上，始可發給，上次赴東北學員，係因補給區誤解，此次赴東北學員是否發給，俟與預算局商後答復。

總長指示：

1. 退役手續業已辦理甚久，而不能領到退役金，各有關單位均應負責，以後應注意連繫。

2. 退役金，係編餘軍官及老弱退役，始可給與，失業軍官只能轉業及資遣，不能發給退役金。

3. 中訓團人員大部住宿團內，生活設備較為週到，本部發給物品有時不能一律，應加解釋，互相諒解。

服役業務處報告：

軍官佐屬應退役職人員及其階級年資，均由人事主管廳處及各軍官總隊承辦，其三十五年五月三十一日以前退除役職人員之經費係由軍政部會計處及軍需署核發，三十五年六月一日以後至十二月底止，所有各機關、部隊、學校編餘人員之退除役職姓名及應得金額以及奉准匯發各軍官總隊承辦退除役職人員經費，均經本處分別登報公佈並將經發轉匯機關註明。

四、第五廳報告

　　1. 陸海空軍禮節正彙編中。

　　2. 綜合檢討委員會，已開會二次，檢討原則，業已通過，簽呈部長、總長核示中。

五、預算局報告

　　1. 三十六年陸海空軍軍費預算分配數額表。

　　2. 三十五年度預算執行結報辦法。

　　3. 三十六年度軍費預算分配編審及核撥辦法。

　　4. 軍用物資處理運用辦法。

　　（均係書面報告）

總長指示：

1. 照現在預算，問題不能解決，曾報告主席、院長切實解決問題，其法有二，一為物價低下，二為儘量節約，前者非本部力量所及，後者則在本身，吾人如不緊縮，別無他法，照現在預算分配，維持三個月，於此三個月中，裁減無用單位及人員，應立即開始，在此期間，裁減一百萬人，則以後困難自可減少，三月以後預算當另作分配，惟有注意者，編制之調整，在前方之部隊，因作戰關係尚不能實施。

2. 預算分配之比例，應按陸海空人數多少再衡其需要之輕重，務要持平支配，關於裁減單位人數及預算之調整併由林次長召集會議研討，提下次會報報告。

3. 調整機構時，注意教育機關，今年除主席、部長批准者外，以停召停訓為原則。

六、運輸署報告

軍事運輸以本身運輸工具不夠，多依民營運輸，向係付給現款，自輪船及火車加價後，運輸經費不敷至鉅。

七、林次長報告

預算核定後，分配只求合理，最要者為爭取物資補給，有應注意者：

1. 需要物資之單位，應將需要與預算再加核算。前編實物預算係匆促呈出，恐有錯誤。

2. 本部遵照主席批示，主管單位，應研究如何向政院主管物資各部進行取得物資。

參、討論事項

一、擬定三十六年度軍職人員待遇調整方案提請公決
　　由（給與調整審查組提）

決議：

遵照部長、總長意見，彙交由林次長於預算會議時修正
後，簽呈核示。

二、擬組設國防部法規整理委員會負責整理軍事法規
　　擬具組織規程草案請公決案（林蔚提）

決議：

修正通過如次：

1. 「國防部法規整理委員會」修正為「國防部法規整
　 理審核委員會」。

2. 於組織規程草案第一、二條文內補足如下之意義：
　 法規整理審查委員會，為整理審查各主管單位所呈
　 出起早及已初步審查之法規。

3. 組織規程草案第三條「由各辦公室主任」修正為「由
　 部總長辦公室主任」、「聯合勤務參謀長之下，」
　 加「憲兵司令」。

三、為憲兵司令部呈擬憲兵服務軍帽帽徽臂章領章及
　　三用皮帶等式樣請予公佈施行，可否請公決案（第
　　一廳提）

決議：

仍照憲兵司令部呈擬公佈施行。

肆、指示事項

軍人佔住民間房屋，不斷有人呈控，各單位主官應嚴查
所屬，務依法律手續解決，以重軍譽。

第十九次部務會報紀錄

時　　間：三十六年元月十八日上午九時至十二時三十分

地　　點：國防部會議室

出席人員：國防次長　　　　林　蔚　劉士毅　秦德純

　　　　　參謀次長　　　　郭　懺　方　天

　　　　　部長辦公室　　　馮　衍　郭安仁　張鶴齡

　　　　　部本部參事室　　湯　垚

　　　　　總長辦公室　　　錢卓倫

　　　　　陸軍總部　　　　林柏森

　　　　　空軍總部　　　　周至柔（徐煥昇代）

　　　　　海軍總部　　　　周憲章

　　　　　聯勤總部　　　　黃鎮球　黃　維　陳　良

　　　　　各廳局處　　　　於　達　鄭介民（張炎元代）

　　　　　　　　　　　　　張秉均（王　鎮代）

　　　　　　　　　　　　　楊業孔（洪懋祥代）

　　　　　　　　　　　　　郭汝瑰　錢昌祚

　　　　　　　　　　　　　鄧文儀　王開化

　　　　　　　　　　　　　杜心如（張　柏代）

　　　　　　　　　　　　　趙志垚（紀萬德代）

　　　　　　　　　　　　　彭位仁　吳　石

　　　　　　　　　　　　　徐思平（鄭冰如代）

　　　　　　　　　　　　　晏勳甫　陳春霖

　　　　　　　　　　　　　劉慕曾　蔣經國（黎天鐸代）

　　　　　首都衛戍司令部　萬建蕃

　　　　　憲兵司令部　　　張　鎮

　　　國防科學委員會　徐庭瑤（羅高華代）

　　　部本部各司　　　馬崇六　趙　援　何孝元

　　　　　　　　　　　華振麟　趙學淵　劉詠堯

　　　　　　　　　　　廖行芳　黎國培　劉逸奇

　　　　　　　　　　　鄭　澤

主　　席：部長

紀　　錄：裴元俊

會報經過

壹、檢討上次會報實施程度

一、修正紀錄

　　報告事項二，預算局答復：修正為：「交通費，
　　已與海軍總部預算主管洽妥，可在艦隊經費預算
　　內，酌列艦艇保養費，燃料已列入實物補給預算
　　內」。（海軍總部、預算局）

二、中訓團報告

　　總長指示無職軍官，只能轉業及資遣，不能發給
　　退役金，惟以過去辦理退役軍官中，已有一部無
　　職軍官發給退役金，現擬通令停發年俸，今後辦
　　理擬依現給與發退休費三月，另給回鄉旅費。

林次長報告：

無職軍官以前退役者，均已領到一次退役金，今後只發
三月退休金，前後參差，恐生糾紛，是否仍發給一次退
役金，不發年俸。

劉次長報告：

各軍官總隊，前後共收訓二十四萬人，業已辦理退役轉

業離隊者約七萬人，現尚有十七萬人之譜，已經核定退役者，計四萬四千餘人，尚可辦理轉業深造及留用者約三萬八千人，其餘八萬餘人均無法安插，只有辦理退役，此中無職軍官將占五萬人，為顧慮國家法令應給與一次退役金，但全數約需二千億元，應請早日籌劃。

郭次長報告：

無職軍官既已收容，則法令必須顧慮，且目前無職軍官均已集中各軍官總隊，如不發給退役金，勢必又生糾紛，照現給與發三月退休費及回鄉旅費，與一次退役金相差無幾，其次已發無職軍官之退役證，可向師團管區領取年俸，應如何處理，主管單位，應加研究。

部長指示：

1. 無職軍官，可全部辦理無職除役，照去年（卅五）七月份給與發給一次退役金，不發年俸，所需經費由服役業務處、預算局會擬預算呈出，以便簽呈主席批示。

2. 退除役金，本部可逐次抽墊經費先行辦理，去年批准追加之八百餘億，除原列預算不必需開支者外，均可移為退除役經費。

貳、報告事項

一、部長辦公室報告

　　1. 宣讀主席手令整飭本部官兵服裝儀容。

　　2. 交通部函請本部有氣候測量之單位與交通部切取聯絡，以利民航。

憲兵司令部報告：

1. 主席乘車經過本部時，有官兵不行敬禮，應加改正。

2. 憲兵執行職務常有被軍官或高級軍官侮辱情事發生。

部長指示：

1. 主席手令除文字宣達外，於下星期一（一月二十日）上午十時三十分本部舉行聯合紀念週，由本人宣布訓誡。

2. 憲兵應嚴格取締違反軍風紀之軍人，勿論階級如有侮辱憲兵情形，應予拘留呈報憑辦。

二、法規司報告

本日下午三時法規整理審核委員會開會，請出席人員屆時參加。

三、文職人事司報告

奉主席手令，取締服裝不整一案，因前頒軍文圓形領章，業已廢止，新定領章，延未實行，在此青黃不接時間，可否免帶領章？又本部第九次部務會報決定仍用圓形領章，一般軍文以其式樣不甚美觀，擬請加修正。

部長指示：

仍照前決議規定辦理。

四、總長辦公室報告

1. 春節本部是否放假？請示。

2. 日本戰犯谷壽夫，審理戰犯法庭預定二月六至八日公開審理，各單位如欲旁聽，請向戰犯法廳索票。

部長指示：

春節是否放假，遵照行政院規定。

五、聯勤總部報告

 1. 五十萬人眷糧，經主席批准，並經商擬自本年一月份起發現品三分之一，代金三分之二，但糧、財兩部頃又奉令停發。

 2. 本年夏季服裝費，本部僅領到五五〇億元不敷支應，各廠多在停工待料中，去年虧欠服裝費迭經請求補發，均未奉准。

 3. 頃商准財部酌借一、二月份服裝費，以應急需。

 4. 今年夏季服裝可否按四〇〇萬人份籌製？請示。

部長指示：

眷糧案及服裝經費等問題，均用書面詳報，以憑處理。

六、財務署報告

 1. 向例每月二十八日前應將下月經費匯發，惟元月份財務署墊支甚多，除已匯出二月份經費三百餘億元外，尚有一千餘億未匯出。

 2. 軍委會習慣，舊年時下月經費提前領發，各單位即可來署領取二月份經費，本署不再通知。

七、新聞局報告

 1. 軍隊黨部撤銷後，軍人黨員應加入地方黨部，可獲選舉權，及被選舉權，本部是否仍照前擬組織辦法辦理。

 2. 主席飭印「剿匪平亂成功立業的十項原則」一書，除頒發各部隊外，各單位如有需要可來本局領取。

部長指示：

1. 京市黨部蕭主任委員鈔呈中常會備案「軍隊黨部撤銷
   後軍人黨籍處理辦法」一份，本部可照此辦法辦理。

2. 軍人有選舉與被選舉權之規定，由新聞局查明提下
   次會報報告後，發佈全國軍事機關學校部隊知照。

八、預算局報告

 1. 三十六年科目分配預算，已呈送行政院，在未
   奉批前擬請先按月撥借六千億元，以應支付。

 2. 三十六年度月份分配預算以各業務單位，尚未
   送齊，亟待彙呈。

 3. 國防科學研究費，奉指示按總預算百分之一計
   列，自應遵辦，惟科目分配預算，已送呈行政
   院，擬照原科目分配預算，暫不變更，至國防
   科學研究費增配二百億元，即由行政經費或其
   他臨時費就事實需要簽撥。

參、討論事項

一、請詳確規定造報服務勤勞生活艱苦請求救濟標準
 以便辦理案（部長辦公室提）

二、擬具核發國防部及陸海空軍及聯勤四總司令部在
 京直屬幕僚機構各級官佐年終救濟費辦法請公決
 案（聯勤總部提）

三、擬具偽軍經改編者，是否受行政院前頒之「偽組織
 或其所屬機關團體任職人員候選及任用限制辦法」
 之限制案之處理意見，請討論案（軍職人事司提）

決議：

照所擬意見辦理。

肆、指示事項

一、西南沙群島問題（略）。

二、我國邊疆尚有若干劃界問題，懸而未決，本部有
　　關單位極應搜集資料詳加研究，以備逐步與各友
　　邦會商解決。

三、兵工制式問題，應將兵工裝備研究委員會設立，
　　常川研究。（第四廳辦理）

第二十次部務會報紀錄

時　　間：三十六年元月二十五日上午九時至十一時三十分

地　　點：國防部會議室

出席人員：國防次長　　　　林　蔚　劉士毅　秦德純

　　　　　參謀次長　　　　郭　懺　方　天

　　　　　部長辦公室　　　馮　衍　郭安仁　張鶴齡

　　　　　部本部參事室　　湯　垚

　　　　　總長辦公室　　　錢卓倫（張家閒代）

　　　　　　　　　　　　　顏逍鵬　張一為

　　　　　陸軍總部　　　　林柏森

　　　　　空軍總部　　　　周至柔

　　　　　海軍總部　　　　周憲章

　　　　　聯勤總部　　　　黃鎮球　黃　維

　　　　　各廳局處　　　　於　達　鄭介民（張炎元代）

　　　　　　　　　　　　　張秉均（王　鎮代）

　　　　　　　　　　　　　楊業孔（洪懋祥代）

　　　　　　　　　　　　　郭汝瑰　錢昌祚

　　　　　　　　　　　　　鄧文儀　王開化

　　　　　　　　　　　　　杜心如　趙志垚（紀萬德代）

　　　　　　　　　　　　　彭位仁（金德洋代）

　　　　　　　　　　　　　吳　石（戴高翔代）

　　　　　　　　　　　　　徐思平（鄭冰如代）

　　　　　　　　　　　　　晏勳甫　陳春霖

　　　　　　　　　　　　　劉慕曾　蔣經國（賈亦斌代）

　　　　　中訓團　　　　　黃　杰

首都衛戍司令部	湯恩伯（劉展緒代）
憲兵司令部	張　鎮
國防科學委員會	徐庭瑤
部本部各司	馬崇六　趙　援
	華振麟　鄭　澤
	何孝元　劉逸奇（李大為代）
	廖行芳　趙學淵
	黎國培　劉詠堯

主　　席：部長

紀　　錄：裴元俊

會報經過

壹、檢討上次會報實施程度

一、部長指示

主席手令整飭本部官兵服裝儀容，除文字宣達外，本人於紀念週亦加訓誡，近查大營門外，仍見有雙手束入褲袋，及行路抽煙者，憲兵應派專人，從嚴取締，各單位主官應嚴格訓示所屬。

貳、報告事項

一、部長辦公室報告

本部汽車修理保養情形並提具意見四項。（書面報告）

史料局報告：

本部交通車因停上均在本局門口，每日見各單位職員，多在下辦公時間前一小時，即來候車，爭佔座位，妨害

辦公時間甚大，似可增加班次，以維工作效率，又車場
泥濘不堪，應從速修理。

兵役局報告：

本局仍在朝天宮，交通特別困難，希望早日移入國防
部，在未移入前，請撥交通車一輛，以便各職員上下辦
公之用，又本人曾往本部汽車修理廠參觀，其一般技工
待遇甚低，僅及商家雇用技工待遇三分之一，或二分之
一，故技術優良者，不能留用。

聯勤總部報告：

本部車輛均係舊車，易於損壞，修理則材料困難，以前
批准之材料費迄未領到，本案擬請交主管機關擬辦，於
下次會報提出報告。

部長指示：

本案及交通車整理案交聯勤總部主管機關，擬具妥善有
效辦法，在總務會報討論後，提下次部務會報報告。

二、國防科學委員會報告

昨日午後，討論改裝一千輛裝甲車，及編制使用
訓練問題，結果如下：

1. 改裝車輛：兵工署意見，可在六月底以前，完成
   裝甲車五百輛，不用車頂（惟東北各廠仍照原圖
   樣改裝），每車自帶一日補給（連、排長車裝無
   線電話）。

2. 編制：以裝甲車十三輛，補給車五輛，吉普一輛
   編為一連，裝甲車五十輛編為一營，共編十營，
   部隊分配據第三廳意見，徐州、鄭州、東北、北
   平、山東各綏署，分配一營，以補充快速縱隊之

搜索營，另五營編為教育團，直屬本部，控制徐
州，由機械化學校督訓。

3. 使用：共同意見在道路上，及其兩側擔任戰鬥搜
索，輕戰鬥（襲擊擾亂）迂迴，擴張戰果，掩護
交車線，及其他騎兵任務。

4. 訓練：陸總部第五署意見：由機械化學校訓練幹
部及編組部隊，訓練完成後，如有任務，即調出
服務。

5. 三廳一處意見：新興部隊使用，補給、教育，關
係密切，應有統一業務機構辦理，出席人員，均
表贊同。

三、陸軍總部報告

1. 砲校現有步砲教官班及練習部隊，陸大將官班
等單位，甚為擁擠，所需帳篷，請早發給，以
供練習部隊使用。

2. 陸大將官班設砲校內，以其教育性質各殊，似
不合適，砲校在他處未有新設備前，勢不能移
動，現幾校混住，房屋不夠，陸大將官班似以
另籌校舍為宜。

聯勤總部答復：

帳篷業已訂製，製就即發。

第五廳報告：

陸大乙級將官班，原擬召集一二〇人，地點決定湯山砲
校地址，繼又奉令增加一班亦一二〇人，即擬在中訓團
辦理，因管理教育均不便，遂商砲校移出練習營，仍在
砲校辦理，按砲校湯山校址，還都後，原撥陸大使用，

因遷移建築，刻均困難，只有勉強合用。

部長指示：

帳篷未發給前，可先將練習營移出，目前艱困之際，一切均應忍耐。

四、空軍總司令部報告

1. 空軍機械士待遇，總長曾指示應予提高，現尚未決定，機械士發散傳單，呼籲生活痛苦，近復據報，奸匪活動機械士赴匪方工作等，請迅速決定，以利管理，按空軍機械士待遇，僅及民航公司五分之一，故可提高待遇百分之百，以使安心服務。

2. 本月十五日濟南空軍與憲兵衝突，雙方均有死傷，正由雙方及監察局派人會同調查中，惟近在信陽，又有空軍為憲兵打傷，此事雙方均應詳加檢討，以免時常發生不幸事件。又查憲兵取締違反軍風紀官兵，士兵可以拘留，官長似可將其姓名或身分證，證章號碼留下，通知其主官辦理為妥。

3. 本年預算分配，空軍所分配之預算有調整之必要，因如照伸算應為六千億，而現僅三千億，如照人數比例，則與海軍比較亦不合理，如以消耗言，則空軍為最大，以分配之預算，空軍實不敷甚鉅，再預算分配，應有方針原則，今年經費支絀，凡非今年實際有效必需，二、三年後始生力量之事業似均可停止，人馬之核實亦應注意。

國防部科學委員會報告：

機械部隊，技工待遇，與空軍機械士情形相同，補救之方，可否調查民間工廠技工，調服兵役，否則，禁止其在民間工廠服務，如此，則部隊技工，不致隨便離職。

林次長報告：

預算分配，本人原來主張，凡陸海空軍，有統一性之經費，不加分配，由預算局統籌，非統一性者，始予分配，其需要之多少，由預算局召集海空軍研究決定，是否仍可照此意見辦理。

部長指示：

1. 空軍機械士及機械部隊技工待遇案，由聯勤總部擬辦。
2. 預算分配，應在平允合理原則下支配，由預算局召集有關單位會商，請示林次長決定後，並報告本人。

三、憲兵司令部報告

　　1. 濟南空軍憲兵衝突事，業由王主席解決，至事實真象及是非責任，已由空軍、憲兵及監察局，派員會同前往調查中。

　　2. 取締服裝儀容案，先由國防部開始，擬先勸導三日，三日以後，即嚴格執行取締。

部長指示：

取締服裝儀容，先由本部開始，可照憲兵司令部意見，先勸告三日，三日以後，當照法令辦理，各單位主官應嚴飭所屬注意，如有侮辱毆打憲兵情事，應照前指示辦理。

四、部長辦公室報告

　　主席車輛經過，本部官兵仍有不行敬禮者，是否

　　可照美國辦法，於車輛上標識官階，俾易識別，
　　並於交通便利及安全上，亦均有益。

部長指示：

再加研究後，請示主席決定。

五、海軍總部報告

　　關於海軍人數，此次限定三萬人貳千人，除艦艇
　　服務，一萬貳千人外，其餘僅二萬人，查英國海軍
　　人員比例，在艦艇服務一人，岸上服務最低當為三
　　人，故海軍人數，已核減至最低數，此次預算，如
　　以人數為比例，海軍以艦艇人員為骨幹，空軍以飛
　　行人員為骨幹，彼此應以此項人數為比例。

六、新聞局報告

　　1. 本部黨員組織，遵照指示，各單位分組區分部
　　　　加入市黨部內。

　　2. 軍人有選舉參政員、參議員之權，無被選權，
　　　　國大代表選舉法，尚未公佈，俟公佈後，再通
　　　　令部隊。

參、討論事項

一、為請供給三中全會有關報告資料由（史料局提）

決議：

如所擬辦法辦理。

二、為兵工署移辦各地現役軍人，退役軍人，華僑國
　　大代表等，申請或領換國府自衛槍砲執照，暨檢
　　發請領法團槍照格式等案，應如何辦理，請公決
　　案（憲兵司令部提）

決議：

照所擬辦法，與內政部商洽辦理。

肆、指示事項

無。

第二十一次部務會報紀錄

時　　間：三十六年二月一日上午九時至十二時四十分
地　　點：國防部會議室
出席人員：國防次長　　　　林　蔚　劉士毅　秦德純
　　　　　參謀次長　　　　郭　懺　方　天
　　　　　部長辦公室　　　馮　衍　張鶴齡　郭安仁
　　　　　部本部參事室　　湯　垚
　　　　　總長辦公室　　　錢卓倫　顏逍鵬　張一為
　　　　　陸軍總部　　　　林柏森
　　　　　空軍總部　　　　周至柔（徐煥昇代）
　　　　　海軍總部　　　　周憲章
　　　　　聯勤總部　　　　黃鎮球　黃　維　郗恩綏
　　　　　　　　　　　　　錢　立
　　　　　各廳局處　　　　於　達　鄭介民（張炎元代）
　　　　　　　　　　　　　張秉均（王　鎮代）
　　　　　　　　　　　　　楊業孔　郭汝瑰
　　　　　　　　　　　　　錢昌祚（吳欽烈代）
　　　　　　　　　　　　　鄧文儀　王開化
　　　　　　　　　　　　　杜心如　趙志垚
　　　　　　　　　　　　　彭位仁　吳　石
　　　　　　　　　　　　　徐思平（鄭冰如代）
　　　　　　　　　　　　　晏勳甫　陳春霖
　　　　　　　　　　　　　劉慕曾　蔣經國（賈亦斌代）
　　　　　中訓團　　　　　黃　杰
　　　　　首都衛戍司令部　湯恩伯（萬建蕃代）

　　　　　憲兵司令部　　　張　鎮

　　　　　國防科學委員會　徐庭瑤（李運華代）

　　　　　部本部各司　　　趙學淵　趙　援　何孝元

　　　　　　　　　　　　　華振麟　廖行芳　鄭　澤

　　　　　　　　　　　　　劉詠堯　李鴻毅　劉逸奇

　　　　　　　　　　　　　黎國培

主　　席：部長

紀　　錄：裴元俊

會報經過

壹、檢討上次會報實施程度

一、修正紀錄

　　報告事項第八，新聞局報告2「軍人有選舉參政員、參議員之權。」軍人上加「現役」二字。

二、陸軍總部報告

　　湯山砲校練習部隊，因教育需要不能移出，只有暫時合住，等待帳篷。

三、部長辦公室報告

　　車輛上標識官階，經與軍務局洽商，主張緩辦。

部長指示：

本案緩辦。

貳、報告事項

一、陸軍總部報告

　　最近視察各砲兵部隊，馬乾馬秣不敷飼養，亟應設法改良，另有詳細書面報告。

二、聯勤總部報告

去年冬服背後開叉，曾徵求各行轅綏署意見，均感背後開叉在北方不易保暖，今年擬改開暗叉。

部長指示：

照辦。

三、運輸署報告

九月二十五日部長辦公室報告，關於車輛損壞情形之檢討及處置。（書面報告）

部長辦公室報告：

1. 車輛損壞送修手續，請再簡化。

2. 吉普車在美已停造，聞其零件存儲尚多，馬尼剌亦有存儲，請設法購買備用。

3. 請規定軍車統一修理辦法及司機服務守則，俾資共同遵守。

4. 釐訂統制廠商修理軍車辦法，以杜弊端。

5. 改進修理工廠，首需改良技工待遇。

6. 本部交通車，必需迅速改良，請運輸署、特勤處早日辦理，以利各職員上下辦公。

7. 保養連保養場所，請速指定地址，以便開設。

運輸署答復：

1. 車輛送修辦法，自去年十月改良，已甚便利，近擬具統一修理制度，頒行後更較迅捷。

2. 修理工廠正改組，當積極加以改善，材料費甚望能順利領到。

3. 監督統制廠商，不易辦到。

4. 交通車均為舊壞，現正計劃掉換新車五十輛。

部長指示：

車輛之改善，首謀工廠之健全與技術員工待遇之提高，主管單位應照計劃切實實施，交通車應增加良好車輛。

四、憲兵司令部報告

　　近日整飭本部官兵軍風紀，發見缺點如下：

　　1. 少數軍官佐不佩領章，軍文人員均未佩規定領章，有著軍服，外穿便大衣及不帶領章帶絀便帽或上下裝顏色不一致。

　　2. 雨天攜帶雨傘者甚多，軍帽上帶雨罩，甚不觀瞻。

　　3. 一般禮節不良。

　　4. 交通車據連日統計上下班，每次僅有六、七輛行駛，擁擠不堪，車身前後均有人攀登，且路上停車常不靠邊。

總長辦公室報告：

交通車整理問題，曾在總務會報討論，決由本室於下周星期三午後召集有關單位研究。

部長指示：

1. 領章均應佩帶，軍文領章可照規定先行發給備用，不帶領章帶絀便帽，應予取締。

2. 禮節希各主官嚴飭所屬注意。

3. 雨衣由聯勤總部查明，如有存儲可發給應用。

4. 帽罩禁止使用。

五、中訓團報告

　　1. 轉業行政訓練班學員八千餘人約在三月後均可畢業，其安置問題，請人力計劃司與內政部商

  決辦法。

 2. 明（二）日星期日請部長蒞團訓話。

 3. 副食改發代金後，因物價高漲，除每日以三分
  之二買燃料外，菜蔬甚少，以致營養不夠，應
  如何補救？請示。

部長指示：

副食改發代金，不敷甚多，如何補救，由聯勤總部擬辦。

六、第一廳報告

  本年度人事銓敘工作檢討會議，已開籌備會，參
  加單位有第一廳、副官處、銓敘部及各總部等，
  決設祕書組，辦理會務，各單位應準備報告資料
  及法令規章實施情形，檢討工作之優劣，意見提
  供等，指定各單位人事人員到祕書組服務，請不
  再派其他任務，以專責成。

七、新聞局報告

 1. 奉主席手令，查詢每團發收音機二部，士兵每
  週看電影一次，是否實行，此二事均未辦到，
  應加檢討改進。

 2. 本局所屬各級政工單位，已下令定二月一日改
  組，現以人員及經費準備尚未完全，擬請延期
  一月實施。

 3. 新聞訓練班已籌妥，原考取學員因轉業等關
  係，能來受訓者恐不足五百人，現擬在青年軍
  退伍及戰幹團畢業人員中嚴格考選一部參加。

部長指示：

新聞局名義是否與其業務適合，綜合檢討委員會可加

研究。

八、預算局報告

  1. 去年追加案，除奉准者外，有四千六百餘億未奉准，財務署業已墊支一部，此案曾簽准主席在追加案未奉准前暫借週轉金五千億，但行政院未發款，請各單位檢討，如不十分需要者，可不再提請追加，十分必要者，請於三日內提出，交本局彙辦。

  2. 三十五年預算結報，請各單位迅速提出。

  3. 三十六年預算分配情形：

    (1)統籌支配項目（行政經費、退役（伍）費、徵募費、轉業訓練費、傷病費、建築費、埋葬費、國防科學研究費、專業器材、馬騾以及特種業務費等）共計三萬四千億元。

    (2)分配之預算約一萬餘億元。

    (3)因預算太緊，故以生活及服行任務之所必需，先行分配，至事業費之分配，則海空軍均以其需要而決定。

    (4)軍械及服裝，海空軍均望統籌，由主管單位與海空軍研究後簽請核示。

  4. 各省轉業訓練經費，係照原規定受訓人數發給，但查各省實際受訓人數甚少，爾後是否仍照舊發給。

  5. 財務署請代報告如下：

    (1)各單位應編造每月預算分配，尚未辦理，請速送以便彙辦，海空軍亦應編造。

(2)本部款項請由財務署項財政部統領。

(3)澈底遵行預算，財務始可走上軌道。

(4)去年追加批准之八百餘億，奉指示除原列預算必需者外，一律用為退役經費，現除運輸費開支外，其餘均擬撥為退役金開支。

(5)郝鵬舉部遵總長指示，自一月二十六日起被服、糧秣照國軍待遇補給，官兵薪餉是否照國軍待遇？請示。

林次長報告：

本部預算經自己之體驗及下面之報告，形成上下交困，上不易獲得款項，下必需開支，預算處境至為艱窘，惟先盡在我，本身應辦之事仍應先辦，一即清理去年已用而未批准者應切實檢討提交預算局彙呈，其次已用者如何支出，其計算應列表呈出，均需各主管嚴格飭辦；二為三十六年預算不敷支配，但仍應有整飭辦法，切不可亂，各單位應速呈出預算分配，財務行政收支，始有標準。

第四廳報告：

收繳物資及美方物資應組清理委員會切實清查，加以活用，可補預算之不足。

部長指示：

1.各單位預算分配應速呈出。

2.領款應由財務署統領。

3.各省轉業經費發給問題，由劉次長（士毅）與各有關單位研究處理。

4.物資清理由第四廳，聯勤總部計劃辦理。

九、兵役局報告

　　請決定本（卅六）年度徵額及所需經費預算。（書
　　面報告）

部長指示：

緊急徵兵額，可以壹百萬為目標，徵集費及安家費，應
另請追加，不能列入普通行政費項目內。

參、討論事項

一、關於軍事書籍編審印發辦法應如何規定請公決案
　　（第五廳提）

決議：

修正通過。

1. 各種業科書類審核機關，改為「國防部第四廳及第
　　五廳」。

2. 軍事學教程審核機關改為「國防部第五廳及各總部」。

3. 作戰綱要及其他一般參考書類，審核機關改為「國
　　防部第五廳及有關單位」。

二、關於民營書店承印發行部頒各種軍事書籍辦法案
　　（第五廳提）

決議：

修正通過。

1. 承印書商，不必指定立案書店。

2. 合同草稿大要第五條，修正為「書商發行部頒各種
　　圖書，其定價須由國防部核定之。」

肆、指示事項

無。

第二十二次部務會報紀錄

時　　間：三十六年二月八日上午九時至十一時三十分

地　　點：國防部會議室

出席人員：國防次長　　　　林　蔚　秦德純　劉士毅

　　　　　參謀次長　　　　郭　懺　方　天

　　　　　部長辦公室　　　馮　衍　張鶴齡　郭安仁

　　　　　部本部參事室　　湯　垚

　　　　　總長辦公室　　　錢卓倫　顏逍鵬

　　　　　陸軍總部　　　　林柏森

　　　　　空軍總部　　　　王叔銘

　　　　　海軍總部　　　　周憲章

　　　　　聯勤總部　　　　黃鎮球

　　　　　各廳局處　　　　於　達　鄭介民（張炎元代）

　　　　　　　　　　　　　張秉均（王　鎮代）

　　　　　　　　　　　　　楊業孔（洪懋祥代）

　　　　　　　　　　　　　郭汝瑰　錢昌祚（龔　愚代）

　　　　　　　　　　　　　鄧文儀（李樹衢代）

　　　　　　　　　　　　　王開化（孫嘯鳳代）

　　　　　　　　　　　　　杜心如（邢定陶代）

　　　　　　　　　　　　　趙志垚　彭位仁

　　　　　　　　　　　　　吳　石（戴高翔代）

　　　　　　　　　　　　　徐思平（鄭冰如代）

　　　　　　　　　　　　　晏勳甫　陳春霖

　　　　　　　　　　　　　劉慕曾　蔣經國（賈亦斌代）

　　　　　中訓團　　　　　黃　杰

首都衛戍司令部　　湯恩伯（萬建蕃代）

憲兵司令部　　　　張　鎮

國防科學委員會　　徐庭瑤

部本部各司　　　　趙學淵　何孝元　鄭　澤

　　　　　　　　　華振麟　李鴻毅　劉逸奇

　　　　　　　　　廖行芳　黎國培　劉詠堯

　　　　　　　　　趙　援

臨時列席人　　　　吳仲行（劉樹人代）

主　　席：部長

紀　　錄：裴元俊

會報經過

壹、檢討上次會報實施程度

一、人力計劃司報告

　　各省轉業受訓人員，現已撥各省人數經分別省份
　　列表通知預算局財務署發款。

貳、報告事項

一、人力計劃司報告

　　1. 復員軍官轉業訓練期滿者，安置問題，奉主席
　　　手令指示：（一）在未派工作前，應保障其生
　　　活；（二）應即派用實職，行政院曾召集本部
　　　及財政、內政各部會商，對轉業軍官派遣實
　　　職，內政部當盡量辦理，惟在未獲工作以前，
　　　其薪餉，行政院及財政部均主由本部負擔在復
　　　員經費內開支。

2. 東北盤山農場案辦理經過概要。（書面）

部長指示：

1. 復員軍官安置問題，應迅速辦理，由林、劉兩次長召集各有關單位於明（九）日研究具體辦法。

2. 呈復主席東北盤山農場應由本部接收辦理，其業務爾後由人力計劃司主辦。

二、國防科學委員會報告

前中美合作所美方氣象測量器材交與我國，現奉撥空軍使用，查氣象關係作戰甚大，陸、海軍均甚需要，是否可分撥應用，或組統一機構管理，其每台只需二、三人，故所需經費亦不多。

部長指示：

由國防科學委員會，召集陸、海、空軍各總部，第二、五廳，並邀請中央氣象機關開會研究。

三、海軍總部報告

1. 海軍修船費在交通費內所列預算包括料件配件，因美方移讓艦船及我國原有者，多屬舊壞，常需修理，不敷至鉅。

2. 燃料請速發實物，以應需用。

四、預算局報告

1. 調整武職人員待遇案，主席尚未批示。

2. 去年追加案，各單位尚有多數未提出追加，務請切實檢查於本日送局彙辦。

3. 分配預算案，各單位昨始送齊，由預算局彙辦中，今奉指示退役經費應在復員經費內開支，當遵照辦理，惟分配預算案必需即日送行政院

　　始可領款，擬請不再變更分配預算，至所需退

　　役經費，當設法開支。

　4. 實物補給案，奉主席諭，所需實物，應即列表

　　呈報批辦，頃由各單位確實列表交預算局彙呈

　　次長林，轉呈主席。

部長指示：

1. 調整待遇及實物補給案，當面呈主席，請早批示實施。

2. 分配預算可不再變更。

五、史料局報告

　　三中全會報告，各單位應送資料，務請於本月十

　　五日前送局，以便彙辦。

部長指示：

各單位於十五日前送到。

參、討論事項

無。

肆、指示事項

兵役局撥補部隊新兵，應注意言語，務使相通，不獨便

立教育訓練，其生活情緒始可安定。

第二十三次部務會報紀錄

時　　間：三十六年二月十五日上午九時至十一時四十分

地　　點：國防部會議室

出席人員：國防次長　　　　林　蔚　劉士毅　秦德純

　　　　　參謀次長　　　　郭　懺　方　天

　　　　　部長辦公室　　　郭安仁　張鶴齡

　　　　　部本部參事室　　湯　垚

　　　　　總長辦公室　　　錢卓倫　顏逍鵬　張一為

　　　　　陸軍總部　　　　林柏森

　　　　　空軍總部　　　　周至柔（毛瀛初代）

　　　　　海軍總部　　　　周憲章

　　　　　聯勤總部　　　　黃鎮球　黃　維　陳　良

　　　　　各廳局處　　　　於　達　鄭介民（張炎元代）

　　　　　　　　　　　　　張秉均（王　鎮代）

　　　　　　　　　　　　　楊業孔（洪懋祥代）

　　　　　　　　　　　　　郭汝瑰　錢昌祚（吳欽烈代）

　　　　　　　　　　　　　鄧文儀（李樹衢代）

　　　　　　　　　　　　　王開化（孫嘯鳳代）

　　　　　　　　　　　　　杜心如（邢定陶代）

　　　　　　　　　　　　　趙志垚　彭位仁（金德洋代）

　　　　　　　　　　　　　吳　石　徐思平（鄭冰如代）

　　　　　　　　　　　　　晏勳甫　陳春霖

　　　　　　　　　　　　　劉慕曾　蔣經國（賈亦斌代）

　　　　　中訓團　　　　　黃　杰

　　　　　首都衛戍司令部　湯恩伯（萬建蕃代）

憲兵司令部　　　張　鎮

國防科學委員會　徐庭瑤（羅高華代）

部本部各司　　　李鴻毅　華振麟　鄭　澤

　　　　　　　　趙學淵　黎國培　何孝元

　　　　　　　　趙　援　劉逸奇　廖行芳

　　　　　　　　蔣廷樞

主　　席：國防次長林代

紀　　錄：裴元俊

會報經過
壹、檢討上次會報實施程度

貳、報告事項
一、人力計劃司報告

復員軍官安置問題，於二月九日次長林召各有關
單位小組會議，重要決議如下：

1. 留用轉業，退（除）役均限於三月底分別辦理
完成。

2. 退（除）役不足經費暫移用卅六年度復員經費，
凡卅五年度收訓復員軍官，其退（除）役金均照
卅五年七月份給與發給，旅費照現行給與發給，
轉業一次退役金於訓練結業前一個月發給之。

3. 轉業人員在訓練結業後，應由各主管機關派用
實職，實行轉業，其因特殊原因而不能即行補
實者，國防部負擔兩個月薪給，此項應呈准主
席及行政院後實施。

4. 各省訓團轉業訓練經費核實發給，不適轉業人員，辦理退（除）役。

5. 選送陸大將官班受訓之資歷審查標準，由第五廳改訂，將官控制待用及上校級隊職留用及挑選標準，由第一、五廳，副官處，中訓團擬辦。

指示：

1. 復員軍官安置，應照計劃於本年三月份結束。

2. 轉業訓練期滿人員，在主管機關未派用實職前，由本部負擔兩月薪給，如無異議，即可通過，呈請主席、行政院批示。

二、總長辦公室報告

查部務會報紀錄，內載均屬機密，每次均係編號分發，其未出席者，均封送親收，近以業務檢討時，有少數單位向本室函補或派員兵索取，公文往返及來人攜轉，恐有洩漏之處，為保密計，擬請各單位出席人員自行保管或指定人員專卷負責保管，倘因事需要紀錄參考，請以正式公函，本室始可補送。

三、海軍總部報告

今年預算，海軍修船費列入交通費內，明年編擬預算，請另列項目，以保持艦艇之活動。

指示：

明年可另列項目。

四、中訓團報告

1. 各軍官總隊編併情形。（書面）

2. 陸大將官班甄選標準，請求按核定放寬之標準

　　　　辦理。

　　3. 省訓團核發退役金，已在辦理中。

　　4. 轉業分發情形（略）。

指示：

陸大將官班甄選辦法，由第五廳修正，資歷標準可予放寬，挑選惟不必定符原擬人數。

五、第四廳報告

　　交警部隊及保安團隊預算及補充問題，小組會議之決議各項。（略）

指示：

將會議紀錄呈閱。

六、第五廳報告

　　1. 國軍整理情形：

　　　　⑴方針：減少機關，充實部隊，緊縮後方，加強前方。

　　　　⑵擬保持之員額。（略）

　　　　⑶希各廳局早將規定表格填送，以便統計。

　　2. 交警部隊編組業務，第四廳召集交警部隊預算補給小組會議時決定第五廳主辦，查此項業務前由交通部辦理，關於緊縮標準如何？應請指示。

指示：

東北交警部隊數字以地方情形特殊，應予特別考慮，關內人數核實緊縮由第五廳擬辦。

人力計劃司報告：

東北交警部隊所需幹部，請中訓團預為挑選。

七、保安局報告

保安局業務報告及請示事項。（書面）

指示：

保安部隊之永久制度問題，由三、五廳及保安局會擬方
案（由保安局召集），至目前本部與內政部應負責任如
何劃分，由保安局擬辦，均提下次部務會報報告。

八、預算局報告

1. 調整待遇案，奉主席批示，增加百分之三十，
   正另擬方案呈核中。

2. 分配預算、實物預算，均已彙辦，正繕寫中，
   三十五年追加預算已彙編呈核。

3. 退（除）役所需經費，請主管單位提出數字，
   以便辦理追加。

4. 三月份經費即將發給，請即通知本局整理後各
   部人數。

5. 本局編制甚小，業務繁重，人員實不敷用，擬
   請酌予調整。

九、聯勤總部報告

1. 副秣費因物價飛漲，不敷情形。

2. 夏服因經費材料不敷，困難情形。

指示：

用書面報告。

十、史料局報告

徵送比國博物院紀念物品，及文獻辦法。（書面）

參、討論事項

一、擬謀解決本部職員居住問題意見（第一廳提）

決議：

交總務會報辦理。

二、擬具本年度三月一日至四月卅日作息時間請公決
　　案（總長辦公室提）

決議：

通過。

肆、指示事項

無。

第二十四次部務會報紀錄

時　　間：三十六年三月一日上午九時至十二時

地　　點：國防部會議室

出席人員：國防次長　　　　秦德純　劉士毅

　　　　　參謀次長　　　　郭　懺　方　天

　　　　　部長辦公室　　　郭安仁　張鶴齡

　　　　　部本部參事室　　湯　垚（楊正清代）

　　　　　總長辦公室　　　錢卓倫　張一為

　　　　　陸軍總部　　　　林柏森

　　　　　海軍總部　　　　周憲章

　　　　　聯勤總部　　　　黃鎮球　黃　維

　　　　　各廳局處　　　　於　達　鄭介民（張炎元代）

　　　　　　　　　　　　　張秉均（王　鎮代）

　　　　　　　　　　　　　楊業孔（洪懋祥代）

　　　　　　　　　　　　　郭汝瑰　錢昌祚

　　　　　　　　　　　　　李樹衢　王開化（孫嘯鳳代）

　　　　　　　　　　　　　趙志垚　彭位仁

　　　　　　　　　　　　　吳　石　徐思平

　　　　　　　　　　　　　晏勳甫　陳春霖

　　　　　　　　　　　　　劉慕曾　蔣經國（賈亦斌代）

　　　　　首都衛戍司令部　湯恩伯（馮其昌代）

　　　　　憲兵司令部　　　張　鎮

　　　　　國防科學委員會　李運華

　　　　　部本部各司　　　華振麟　李鴻毅

　　　　　　　　　　　　　鄭　澤　何孝元

趙　援　趙學淵

廖行芳　劉詠堯

劉逸奇（林德侯代）

黎國培（馬建民代）

主　　席：國防次長林代

紀　　錄：裴元俊

會報經過
壹、檢討上次會報實施程度

一、劉次長報告

　　1. 復員軍官留用轉業退（除）役擬於三月以前辦理完成，正與中訓團積極會商處理，最主要者，為經費之籌劃，請預算局財務署注意辦理。

　　2. 轉業訓練結業人員，在主管機關未派用實職前，前議由本部負擔薪給兩月，經呈報主席，奉批應負擔三個月，業已通飭各單位知照。

二、總長辦公室報告

　　保安局業於三月一日撤銷，關於保安部隊永久制度，及本部與內政部責任劃分問題，是否由三、五廳負責計劃。

第五廳報告：

此案業經保安局召集小組會商，已有結論。

貳、報告事項

一、人力計劃司報告

　　1. 保密局編餘人員，已送軍官總隊，此項人員之

安置，據五廳意見，有軍籍者，照軍官安置辦
法處理，其餘資遣，擬仍遵主席原手令意旨，
儘量辦理轉業警官。

2. 各省警員訓練經費，原定每人廿五萬元，現各
省紛報不敷，擬請酌予增加。

指示：

1. 保密局編餘人員之安置問題，簽呈核示。

2. 各省請增加警員訓練經費，交預算局核議。

二、總長辦公室報告

本日印發部務會報十一次至廿次重要業務檢討
表，請各單位攜回自行檢討。

三、海軍總部報告

行政院綏靖會議，為杜絕奸匪以匪區物資換取我
軍用物資，及奸匪地下祕密工作人員來我方活動
起見，決定海軍負責，在海上檢查往來匪區船隻，
（1）惟我各港口發給出入口證書之機關不統一，
檢查時莫辦真偽；（2）海軍在海上實施檢查，仍
係治標辦法，根本辦法，似應杜絕海上船隻來往
匪區。

指示：

由海軍總部擬具整理方案，呈總長核示。

四、憲兵司令部報告

1. 今年夏季實施新規定肩臂領章，官長領章業經
規定，惟士兵規定不帶領章，僅用胸章，以現
有基本顏色，不能標識現有兵種。

2. 市容整飭，最要者，為軍車行駛，及軍人乘車

秩序，在一週間，憲兵查獲違反秩序規則者，共二百餘案，擬分別通知各單位，請轉飭注意改正。

指示：

（1）項由第一廳再加研究；（2）項照辦。

五、第五廳報告

二月九日復員軍官安置會議決定，各軍官總隊於三月底結束，是否即可命令飭遵，請示！

人力計劃司答復：

於下週星期日，再召小組會議討論結束辦法。

六、預算局報告

1. 分配預算，調整待遇，實物預算，近連日與行政院商洽，尚無具體結果，擬請轉報部長、總長。

2. 財務署因墊支去年各單位超支款甚多，目前財政困難萬分，外匯請領，亦感困難。

3. 各單位所報事業費預算，遵次長林指示，應統一運用，並非各單位，可以自行開支，特請注意。

七、史料局報告

前次會報報告，徵送比國博物院紀念物品一案，曾經述明，請於本月底將應送紀念品，及文獻送局，各單位未送者，請即辦理，以免失信友邦。

八、兵役局報告

1. 自去年八月迄今部隊缺額，與徵兵額數（略）。

2. 此次出巡蘇、滬、台、閩、粵、湘、鄂各省役政之觀察所得，及改進意見，除另有書面報告外，茲大要報告如次：

（一）此次師團區司令人員，均經甄選，並在中訓團受訓，徵兵表現，法令熟習，操守廉潔，已使社會改觀。

（二）新兵素質提高，體力良好，交撥率在百分之九十以上，逃兵率與病兵率最多者，百分之一，待遇方面，除缺營房外，衣食尚能溫飽，惟近來副食感不敷。

（三）都市徵兵，擬准先徵集志願兵，惟徵集程序，應按法令對安家費等之籌措，嚴禁浮派。

（四）安家費、徵集費各省均望於徵集前，一次發足。

（五）鄉鎮保甲，尚有舞弊情形。

指示：

下次出巡時，應請內政部派員會同視察。

九、軍法處報告

1. 臨時緊急軍政措施辦法，行政院原規定為冀、熱、察、綏、魯及東北九省實施，規定擴大適用於晉、陝、豫、鄂、皖、蘇六省，旋因修改為綏靖區及東北九省臨時緊急軍政措辦法，適用區域，因此發生糾紛，經由本處會商第三廳、民事局、新聞局後簽請主席，仍准適用於擴大適用之晉陝豫鄂皖蘇六省，茲奉府令照准，並飭行政院轉行遵照，等因，特提出報告。

2. 前據廣州行轅張主任及新疆張主席、甘肅郭主席，電請粵、桂、甘、新等省盜匪案件，劃歸軍

法審判，經簽奉主席批准照辦，以本年九月底
為限等因，除承辦部長稿轉報國防最高會議、
行政院外，特提出報告。

參、討論事項

一、為空軍總部轉送所擬傘兵領章樣品請採納列入陸
　　軍服制內頒佈施行案（第一廳提）

決議：

照所擬辦法第三辦理。

二、為現役軍人可否參加人民團體請公決由（第二廳提）

決議：

1. 現役軍人不能為中國退役軍人生產協進社預備社員。

2. 現役軍人，不能參加有政治性之人民團體。

三、請決定此次編餘士兵處理辦法案（聯勤總部提）

決議：

照所擬各項原則，修訂復員實施辦法，由第五廳召集有
關單位商辦，所擬原則第一、二條修正如下：

第一條：師團管區，收容士兵，身體及格者，應儘量補
　　　　充部隊缺額。

第二條：如確有老弱，不堪服役者，由師團管區視人數
　　　　多少，斟酌派員，護送原籍師團管區。

肆、指示事項

無。

第二十五次部務會報紀錄

時　　間：三十六年三月八日上午九時至十一時

地　　點：國防部會議室

出席人員：國防次長　　　林　蔚　劉士毅　秦德純

　　　　　參謀次長　　　郭　懺　方　天

　　　　　部長辦公室　　馮　衍（何　楷代）

　　　　　　　　　　　　張鶴齡　郭安仁

　　　　　部本部參事室　湯　垚

　　　　　總長辦公室　　錢卓倫　顏逍鵬

　　　　　陸軍總部　　　林柏森

　　　　　空軍總部　　　周至柔（徐煥昇代）

　　　　　海軍總部　　　桂永清　周憲章

　　　　　聯勤總部　　　黃　維　趙桂森

　　　　　各廳局處　　　於　達　鄭介民（張炎元代）

　　　　　　　　　　　　張秉均（王　鎮代）

　　　　　　　　　　　　楊業孔（洪懋祥代）

　　　　　　　　　　　　郭汝瑰（劉勁持代）

　　　　　　　　　　　　錢昌祚　鄧文儀（易大德代）

　　　　　　　　　　　　王開化（孫嘯鳳代）

　　　　　　　　　　　　趙志垚　彭位仁

　　　　　　　　　　　　吳　石（戴高翔代）

　　　　　　　　　　　　徐思平（鄭冰如代）

　　　　　　　　　　　　晏勳甫　陳春霖

　　　　　　　　　　　　劉慕曾　蔣經國（黎天鐸代）

　　　　　中訓團　　　　黃　杰

首都衛戍司令部　湯恩伯（馮其昌代）

憲兵司令部　　　張　鎮

國防科學委員會　徐庭瑤（楊　健代）

部本部各司　　　袁同疇　趙　援　趙學淵

　　　　　　　　何孝元　鄭　澤　劉逸奇

　　　　　　　　黎國培　李鴻毅　劉詠堯

主　　席：國防次長林代

紀　　錄：裴元俊

會報經過
壹、檢討上次會報實施程度
一、第一廳報告

　　保安局自三月一日撤銷，人員安置，尚未奉指示。

指示：

今後本部措施，對機構變動，主管單位應將整個辦法商妥作一次公佈，不宜逐步處置，保安局編餘人員安置問題，由一、五兩廳洽商辦法，請示總長決定。

二、中訓團報告

　　1. 保密局及保安局編餘人員是否均送軍官總隊？今年編餘人員似不能照去年七月份給與待遇。

　　2. 各省訓練警員有自行補用幹部，將來結束，又需安置，似應在復員軍官中調用為宜。

人力計劃司答復：

1. 保密局編餘人員已簽請主席批交警察總署轉業警官，並請專款開支。

2. 今年編餘人員不再送軍官總隊，另設督導組處理安置。

3. 各省訓練警員，所需幹部已通令應在復員軍官中挑選，自行補用者，本部不負安置之責。

三、副官處報告

各軍官總隊結束，本身又有少數編餘人員，是否亦由本部安置。

指示：

中訓團正擬具辦法中，各單位有缺，應儘先補用軍官總隊幹部。

四、海軍總部報告

海軍裁減單位，編餘人員中，陸軍軍官甚多，如何處置？請示。

指示：

造冊送由第一廳處理。

貳、報告事項

一、特種計劃司報告

日本賠償案，遠東委員會對日本工廠機器拆遷分賠各盟國案，近已決議通過，並已交東京盟軍總部執行，盟軍總部已發表作拆賠之工廠機器，既有陸海空軍工廠之機器五三、三七五部，飛機工廠機器一九〇、〇〇〇部，民間兵器製造廠機器八五、五四九部，以廠為單位者，工具機製造八十九廠，鋼珠軸承廠二十九廠，火力發電二十廠，鋼鐵製造二十二廠，造船屬商用者十九廠，屬海軍者五廠，硫酸二十三廠，鹼十九廠，輕金屬（不詳）廠，人造橡膠八廠，人造石油九廠，研究所四十二

個，據確息，內中決定分配我國者，為一百三十五萬噸，此數已超出前次行政院賠償委員會所擬提出之五十九萬噸，但行政院以財政拮据，只決定要四十萬噸，而賠償委員會未召集委員會議，即決定分配：資源委員會二十三廠及二、五○○部機器，共三十餘萬噸，經濟部十三廠及機器二千部，共二十三萬噸，而國防部僅得二廠及三、七四四部機器，只一萬二千多噸，相差懸殊，查此次拆賠之日本工廠機器，十之八九純屬陸海空軍需工業，國防部兵工署、運輸署、經理署、海軍總部、空軍總部、測量局、第六廳等各單位，所提出要求接收賠償之工廠機器，均提出計劃書，說明係應建軍整軍需要，利用辦法及必需理由，曾經數次大會檢討，認為必需，故該項要求接收賠償之統計表、清單、計劃書等，早已移送賠償委員會查照辦理在案，本星期三日，由次長秦主持，開會決定，要求賠償委員會，對接收賠償分配之原則及數量，應召集委員會正式開會，明白決定，又對最近派赴日本監督接運賠償機器人員一百二十五人中，要求分配三十五人，陸海空軍可各派十人，本人認為一百三十五萬噸中，無力國營者，仍應一併接運回國，以最低價（只扣除運費及接運人員費用）發售與民營，方為兼顧國計民生之道，否則暴露弱點，無力利用，將影響我國對第二、三批日本賠償物資之分配數量。

指示：

1. 照所擬要求賠償委員會正式開會，合理議定各部之分配數量。

2. 第四廳、工業動員司及特種計劃司，對計劃書多加研究審查。

3. 一面對現有軍需工廠，亦應加意整飭。

二、人力計劃司報告

各軍官總隊，限三月底結束，經召集有關單位會商結束辦法，決議於三月底及四月半各總隊人員分別離隊，退（除）役所需經費，請早為準備。

預算局報告：

退（除）役經費，已有準備，如能迅速領到，自可如期結束。

指示：

1. 第一廳、中訓團、服役業務處辦理退（除）役手續應迅速。

2. 各軍官總隊，此次辦理復員軍官安置業務之成績，應調製考績表呈閱。（由第一廳召集中訓團、人力計劃司、服役業務處會辦。）

三、徵購司報告

徵購委員會，委員名單未送者，請速送來。

四、總長辦公室報告

1. 茲擬定國防部發布告範圍，是否可行？請示決定。

(1) 用部長名義者，限於有關軍事行政方面，會同行政院有關部會會銜行之。

(2) 總長名義，對外以不發布告為原則，惟在戰地

有特殊情形時（如頒布軍律等），核定行之。

⑶關於軍事運輸、交通、軍事工程以及營房管理、軍航、郵電等屬於實施方面，必須頒布告者，概由主管各總部，以總司令名義行之。

2. 保安局業務，移交未限時期，以致公文停滯，是否可按業務分配，由三、五廳先行接收公文，限本月十五日以前將業務交代清楚。

指示：

1. 國防部發佈告範圍，照所擬辦理。

2. 保安局業務交代，照所擬辦理。

五、預算局報告

查各單位舉辦事業，應先呈准總長，發交預算局編造預算後，由部長呈請行政院核准，近查有舉辦各種事業，即逕報部長、總長轉呈主席者，今後請按程序辦理。

六、陸軍總部報告

陸軍總部徐州設司令部，各單位發公文請注意分送。

指示：

以前發徐州綏署之公文，改發陸軍總司令部徐州司令部。

七、第一廳報告

1. 上月廿六日至廿八日開軍政銓敘工作檢討會議之重要決議。（略）

2. 今年任官任職均照人事常則處理，是否照以前軍委會時舉行人事評判會議，並如何組織？請示。

指示：

1. 任官及退役應繼續辦理。

2. 按國防部組織之性質，凡參謀總長以下之機關、部隊、學校均屬於軍隊範圍，而部本部則為行政院之一部，故參謀部以下人事之考核保升，為參謀總長之職責，報到部本部後，由部本部再加審查，即呈行政院，人事評判會議，應本此原則處理。

八、第五廳報告

1. 東北及關內交警部隊編組人數（略）。

2. 保安部隊之永久制度及目前本部與內政部應負責任如何劃分，已擬定方案呈核中。

參、討論事項

為各單位辦公費常備金不敷甚鉅，請增加給與案。（總務會報提）

決議：

辦公用品不足者，以現有之實物補助，常備金之增加，由預算局研究辦理。

肆、指示事項

一、查中共人員撤返延安後預防潛伏人員混入軍事機關，各單位特應注意保密，尤其勤務兵員之補充。

二、部隊副食馬乾不敷，必需調整，主席指示必需實物補給始可有效，聯勤總部已擬具辦法，擬自四月一日起全國普遍實施，關於辦公用品亦應有實物補給之計劃，由第四廳主持召集聯勤總部各有關單位商擬。

三、各單位按月結賬，必須實行，同時必須派員監查

餘款，使餘款可以周轉運用。

四、各單位所需外匯若干，預算局應加清理，俾有考查。

五、春季任官退役應速舉辦。

民國史料 69

國防部部務會報紀錄
（1946-1948）上冊

Ministry Meeting Minutes,
Ministry of National Defense, 1946-1948
- Section I

主　　編　陳佑慎
總 編 輯　陳新林、呂芳上
執行編輯　林弘毅
助理編輯　詹鈞誌
封面設計　溫心忻
排　　版　溫心忻、施宜伶

出　　版　🛡開源書局出版有限公司

香港金鐘夏慤道 18 號海富中心
1 座 26 樓 06 室
TEL：+852-35860995

✿ 民國歷史文化學社 有限公司

10646 台北市大安區羅斯福路三段
37 號 7 樓之 1
TEL：+886-2-2369-6912
FAX：+886-2-2369-6990

http://www.rchcs.com.tw

初版一刷　2022 年 6 月 30 日
定　　價　新台幣 350 元
　　　　　港　幣　95 元
　　　　　美　元　13 元
I S B N　978-626-7157-24-4
印　　刷　長達印刷有限公司
　　　　　台北市西園路二段 50 巷 4 弄 21 號
　　　　　TEL：+886-2-2304-0488

國家圖書館出版品預行編目 (CIP) 資料
國防部部務會報紀錄 (1946-1948) = Ministry
meeting minutes, Ministry of National Defense,
1946-1948/ 陳佑慎主編 . -- 初版 . -- 臺北市 : 民
國歷史文化學社有限公司 , 2022.06

　　冊；　公分 . -- (民國史料 ; 69-70)

ISBN 978-626-7157-24-4　（上冊 : 平裝). --
ISBN 978-626-7157-25-1　（下冊 : 平裝)

1.CST: 國防部　2.CST: 會議實錄

591.22　　　　　　　　　　111009136